AF434042

¿QUIÉN DESTRUYÓ PDVSA?

Coords. Sergio Sáez / Gustavo Coronel

¿QUIÉN DESTRUYÓ PDVSA?

Balance de la gestión de Rafael Ramírez

Prólogo
Gustavo Coronel

dahbar

¿Quién destruyó Pdvsa?
Balance de la gestión de Rafael Ramírez
Primera edición, 2021
© Cyngular Asesoría 357, C. A.
© De la presente edición, Editorial Dahbar

DISEÑO DE PORTADA: Jaime Cruz
CORRECCIÓN DE TEXTOS: Mauricio Vilas

Depósito legal: DC2021000310
ISBN: 978-980-425-065-1

Este libro ha sido patrocinado por
Grupo Mezerhane. Diario Las Américas

ÍNDICE

PRÓLOGO

Gustavo Coronel

Ofrecemos a la opinión pública venezolana y a los estudiosos de la industria petrolera y de los fenómenos de corrupción a nivel mundial una investigación sobre las causas que llevaron a la ruina a la empresa Pdvsa. El resultado es este libro, producto del esfuerzo de un grupo de gerentes y técnicos petroleros quienes desean contribuir al enjuiciamiento y castigo de una pandilla de aventureros que –en el transcurso de los 20 años de este siglo– causaron ese desastre.

Dada la importancia del petróleo en la vida económica y social de nuestro país, la ruina de Pdvsa ha significado el colapso de la nación venezolana. Se trata de un crimen de magnitud nunca vista en Venezuela y pocas veces en la historia mundial. Por ese motivo, una nación que en el siglo pasado se encaminaba a ser parte del primer mundo se ha visto reducida hoy al nivel de los países más pobres del planeta. En el contexto latinoamericano, Venezuela llegó a disfrutar de una calidad de vida superior a la de Chile, Uruguay, Costa Rica y otras naciones avanzadas de la región. Hoy se encuentra al nivel de Haití, y continúa en descenso.

Esta tragedia venezolana del siglo XXI tiene nombre y apellido, no llegó por vías difusas o misteriosas. Los dos grandes culpables de tal debacle han sido Hugo Chávez Frías y Nicolás Maduro, quienes han ocupado la Presidencia del país durante estos años, convirtiendo la democracia venezolana en un festín de muerte, hambre y represión. Estos dos hombres, esencialmente ignorantes y seguidores de ideologías fracasadas, se convirtieron en títeres del castrismo, entregándole al régimen cubano nuestras riquezas y nuestra soberanía.

En un acto de traición sin precedentes, dos autócratas semianalfabetas entregaron no menos de \$60 mil millones de dinero venezolano a la Cuba castrista. Rodeados por una pandilla de secuaces incondicionales, estructuraron una política de limosnas que les permitió captar adeptos entre los pobres venezolanos para consolidarse en el poder. Pretendieron acabar con la pobreza a realazos, pero terminaron ahondándola. Hoy en día la miseria y la desesperanza han arraigado su imperio en el alma de los venezolanos.

Uno de los más notorios lugartenientes de Chávez y, parcialmente, de Maduro, hasta que fue expulsado por el régimen hacia un exilio multimillonario en Europa, es Rafael Ramírez Carreño. Fue ministro de Energía y Petróleo durante doce años, entre 2002 y 2014 y, en paralelo, presidente de Petróleos de Venezuela por una década, entre 2004 y 2014.

Ramírez ha llegado a simbolizar el período más negro de nuestra historia, cuando se permitió el robo, el mal uso o la entrega a países y líderes extranjeros cómplices de una suma difícil de precisar, pero que estimamos en no menos de un millón de millones de dólares, es decir: $1.000.000.000.000, un 1x10 a la doce. En otras palabras, la élite chavista despilfarró una suma que es unas 80 veces superior a la que empleó el Plan Marshall para recuperar a Europa luego de la Segunda Guerra Mundial. Al final de esta danza macabra el país está en ruinas y la tribu de Ramírez anda esencialmente impune, comiendo en los mejores restaurantes del mundo, algunos dando propinas de cinco mil euros.

Este libro está dedicado a documentar esta tragedia nacional y ha seleccionado el nombre de Rafael Ramírez Carreño como el causante más representativo de la debacle. Creemos que ninguno de quienes escriben en este volumen lo conocen personalmente (ni desean conocerlo). Ninguno de los autores de este volumen tiene nada personal en su contra, pero todos rechazan lo que él ha representado como artífice de la tragedia venezolana.

Junto con Hugo Chávez, Nicolás Maduro, Cilia Flores, Iris Varela, Tareck El Aissami, Jorge Giordani, Nelson Merentes, Vladimir Padrino López, los hermanos Rodríguez y unos 600-800 cómplices destacados, Rafael Ramírez Carreño integra la lista de lo que pudiéramos llamar los candidatos a un Núremberg criollo, un juicio ejemplarizante que permita enviar un mensaje al país de que el crimen no paga.

El volumen contiene doce capítulos. En el primero Sergio Sáez ofrece al lector una semblanza sobre Rafael Ramírez. Describe sus orígenes y los contactos que le permitieron ir escalando posiciones en el nuevo reinado chavista donde el tuerto era rey. En el segundo capítulo Héctor Riquezes analiza el modelo meritocrático que fue la base del éxito de Pdvsa en sus primeros años, y expone cómo se resquebrajó con la llegada del chavismo, en especial cuando Rafael Ramírez Carreño asume su presidencia, durante la cual entregó la empresa en manos del proyecto político del paracaidista.

En el tercer capítulo Víctor Poleo enumera los antecedentes burocráticos de Rafael Ramírez Carreño y explica cómo utilizó contactos y astucia para ponerles la mano a Pdvsa y a sus ingresos. El autor del cuarto capítulo, Allan Brewer-Carías, narra detalladamente y con impecable lógica la manera como el chavismo fue destruyendo el basamento legal que permitía a Pdvsa ser independiente, para transformar la empresa en un instrumento ciego de la ideología castro-chavista. Brewer-Carías describe cómo se fue cargando a Pdvsa de tareas no medulares y cómo se prostituyó el concepto de nacionalización.

En el quinto capítulo Gustavo Coronel analiza el triste espectáculo de un gerente del Estado hablando a sus subordinados sobre cómo entregaba la empresa en manos del tirano, traicionando así su misión suprema de trabajar para salvaguardar los intereses de la nación.

Miguel Lara y José Gregorio Aguilar describen en el sexto capítulo la forma en que Rafael Ramírez y su principal protector, Alí Rodríguez, aprovecharon el déficit eléctrico existente en el país para planificar un estado de emergencia que les permitiera, junto a sus amigos, en especial Nervis Villalobos, cometer toda clase de crímenes gerenciales, técnicos y financieros.

El séptimo capítulo, escrito por Nelson Hernández, analiza la situación del sector energético venezolano y explica cómo el grupo de Ramírez logró controlar los ingresos petroleros para beneficiarse, eliminando la transparencia y la rendición de cuentas mediante la designación de ministro y presidente de la empresa en una sola persona. Sergio Sáez describe en el octavo capítulo los numerosos fraudes financieros en los cuales participó Rafael Ramírez para ayudar el proyecto político chavista y ayudarse a sí mismo. En el noveno capítulo Rómulo Estanga narra en detalle la tragedia de Amuay y establece las responsabilidades administrativas y técnicas de Rafael Ramírez y su grupo.

El décimo capítulo, escrito por Horacio Medina y Eddie Ramírez, rememora el acoso llevado a cabo por la Pdvsa de Rafael Ramírez Carreño contra la Gente del Petróleo. La protesta de gerentes y técnicos de Pdvsa contra la politización de la empresa llevó al despido de más de 20 mil técnicos y gerentes de Pdvsa, un acto grotesco que inició el colapso operacional, financiero y gerencial de la empresa, y la represión y violación de los derechos humanos de sus empleados, llegándose hasta el asesinato.

En el capítulo once Gustavo Coronel enumera los casos más notables de corrupción en Pdvsa, directamente atribuibles a la presidencia de Rafael Ramírez y a sus juntas directivas. En el duodécimo capítulo Rafael Gallegos explica cómo Rafael Ramírez Carreño demolió la empresa, mediante una abusiva estrategia de dominio. Esto incluyó la expulsión de los gerentes y técnicos de la empresa y la eliminación de las herramientas de control gerencial, lo cual dio paso a la híper-corrupción y a una loca carrera hacia la ruina.

Cada capítulo está escrito por sus autores desde su perspectiva, en su estilo y bajo su responsabilidad. Cualquier error sustantivo será corregido, cualquier apreciación que se pruebe injusta será modificada y las correspondientes excusas proporcionadas. El objetivo fundamental de este libro es denunciar, con los datos en la mano y con base en la experiencia vivida por sus autores, el inmenso crimen cometido por gente como Rafael Ramírez Carreño y sus cómplices contra la nación venezolana.

Creemos que Venezuela debe tener en sus manos instrumentos para proceder, si ello fuese lo indicado, al enjuiciamiento y eventual castigo de los venezolanos sin dignidad que destruyeron su industria petrolera, se enriquecieron indebidamente y contribuyeron al colapso material y espiritual del país.

CAPÍTULO 1
¿CÓMO RAFAEL RAMÍREZ LLEGÓ A SER PRESIDENTE DE PDVSA?

Sergio Sáez

Rafael Darío Ramírez Carreño es uno de los personajes que más poder e influencia tuvo durante el régimen del Tte. Cnel. (r) Hugo Rafael Chávez Frías. Gozó del favoritismo de este, al punto de ser considerado su mano derecha y le acompañó durante gran parte de su período. Fue un funcionario obediente y cumplidor con disciplina militar de las tareas que le encomendó, hasta lograr anticiparse a los deseos de Chávez, para convertir a Pdvsa en brazo financiero de la llamada "revolución bolivariana". Esto le permitió realizar una vertiginosa carrera en los más altos cargos de la administración pública. El poder que ostentó y el mal uso que hizo de él, lo convierten en uno de los principales responsables del desastre en que se encuentra hoy Venezuela.

Rasgos biográficos

Rafael Darío Ramírez Carreño proviene de una familia cafetalera del estado Trujillo. Nació el 4 de agosto de 1963 en Pampán. Es hijo de Rafael Darío Ramírez Coronado, trujillano, economista (fallecido en 2007), y de Maritza Carreño de Ramírez (estudió economía en la UCV).

Casado en primeras nupcias con Beatrichi Anzola, con quien tuvo su primer hijo a la edad de 29 años, se casa en segundas nupcias con Beatrice Sansó Rondón[1].

A su padre lo califica como un hombre "muy bien formado", economista, con trayectoria como funcionario de la Contraloría

---

[1] Beatrice Sansó de Ramírez, de profesión abogada, es esposa de Rafael Ramírez. Es hija de la ex magistrada Hildegard Rondón de Sansó y de Benito Sansó. Véase: https://poderopediave.org/persona/beatrice-sanso/

General de la República y relacionado con movimientos de guerrilla en los revoltosos años sesenta[2]. En esos años estuvo en la Fuerzas Armadas de Liberación (FAL)[3]. Apoyó y financió a la guerrilla y protegió a los guerrilleros, entre ellos a Alí Rodríguez Araque[4]. Cuidó sus intereses mientras este estaba en aventuras guerrilleras. Años después, una de las primeras acciones de Alí Rodríguez Araque como ministro de Energía y Petróleo fue nombrarlo comisario de Pdvsa[5], durante las gestiones como presidentes de Roberto Mandini, Héctor Ciavaldini y del general Guaicaipuro Lameda Montero. Según Rafael Ramírez[6], la figura de comisario era muy importante en ese momento "porque prácticamente no se sabía nada de Pdvsa".

Su familia estuvo muy compenetrada con el socialismo. Su madre recibió formación de izquierda mientras estudiaba Economía en la UCV. Según cuenta en una entrevista con la periodista Marianna Párraga, su abuelo paterno, Edilio Ramírez, trujillano, migró a Mene Grande, estado Zulia, a trabajar en los inicios de la explotación petrolera. De ideología izquierdista, se adhirió al sindicato de esta tendencia y participó en la huelga que se inició contra Rómulo Gallegos. Esto le costó su salida

---

2 Véase: Marianna Párraga, *Oro Rojo*. Punto Cero, Caracas, 2010.

3 Rafael Ramírez lo afirma en una entrevista con Vladimir Villegas: 1º de septiembre de 2020; programa "A la carta". Véase la transcripción en: https://www.rafaelramirez.net/actualidad/transcripcion-entrevista-vladimir-a-la-carta/

4 Alí Rodríguez Araque fue durante los años 60 y 70 del siglo XX un activo guerrillero de los grupos armados de las FALN que luchaban contra los gobiernos del llamado Pacto de Punto Fijo. Recibió entrenamiento en sabotajes en Rusia, adoptó el seudónimo "Comandante Fausto" y lideró frentes guerrilleros, destacando como experto en explosivos. Ingresó en 1966 en el Partido de la Revolución Venezolana (PRV), de tendencia marxista, donde colaboró activamente con el líder guerrillero Douglas Bravo. En agosto de 1979, y luego de una profunda crisis estructural interna del PRV, abandona las filas de esta organización y con el grueso de militantes crea Tendencia Revolucionaria, grupo semi legal que inicialmente mantuvo una posición guerrerista pro lucha armada pero que no logró consolidarse como núcleo revolucionario en ese momento. Fue uno de los últimos alzados en dejar las armas, en 1983, aunque una década antes, en 1971, el presidente Rafael Caldera había decretado una amnistía y pacificación. https://es.wikipedia.org/wiki/Al%C3%AD_Rodr%C3%ADguez_Araque

5 Véase: Conozca la historia real de Rafael Darío Ramírez Carreño. Ex-presidente de Pdvsa, primo de Carlos El Chacal
https://resistenciav58.wordpress.com/2015/02/01/conozca-la-historia-real-de-rafael-dario-ramirez-carreno-ex-presidente-de-pdvsa-primo-de-carlos-el-chacal/

6 Mariana Párraga, *op. cit.*

del trabajo, y a su regreso a Trujillo se inscribió en el partido comunista[7].

Tanto su padre como su tío, Diego Antonio Salazar Luongo, fueron guerrilleros en los sesenta, y mantuvieron una estrecha relación con el movimiento guerrillero de los estados andinos, entre cuyos líderes se encontraban Douglas Bravo (máximo conductor de la guerrilla venezolana) y su esposa Argelia Josefina Melet Martucci de Bravo; además de Diego Antonio Salazar Luongo (fallecido), Kléber Ramírez Rojas (fallecido) y Alí Rodríguez Araque (comandante Fausto, también fallecido). Ambos, padre y tío, militaron en el Partido de la Revolución Venezolano (PRV) y después en las Fuerzas Armadas de Liberación Nacional (FALN) con Fabricio Ojeda. Su tío, Diego Antonio Salazar Luongo, compañero de acciones guerrilleras con Alí Rodríguez Araque, es el padre de Diego Salazar Carreño, quien hizo fortuna con los seguros de Pdvsa. Actualmente se encuentra preso en Venezuela. Este último es ahijado de Douglas Bravo.

Su infancia y parte de su pubertad deben haber transcurrido en su ciudad natal, Pampán. Su familia se traslada a Caracas y estudia el bachillerato en el Liceo Aplicación. Toma un curso de dibujo técnico en una academia en el Pasaje Zingg, aparentemente para trazar organigramas a mano alzada, como le confiesa a la periodista en la entrevista antes aludida. Una vez cursado el bachillerato fue a estudiar a la Universidad de los Andes (ULA). Allí, al igual que en el resto de las universidades públicas del país en esos tiempos, pululaban los movimientos de izquierda, revolucionarios, y eran asiento de profesores militantes comprometidos con las ideas "revolucionarias", aprovechando las bondades que la democracia brindaba a la libertad de cátedra.

En esa universidad establece relaciones con el profesor Adán Chávez, hermano del Tte. Cnel. (r) Hugo Rafael Chávez Frías. Este último estaba siendo captado por el comandante Douglas Bravo, a instancias de su hermano Adán. En la ULA daban clases los

---

7   *Ídem.*

profesores Adán Chávez, Bernard Mommer y Tobi Valderrama Antonio Aponte[8]. Este último se ocupará después de labores proselitistas tanto en el Ministerio como en Pdvsa, y muy probablemente escribir, al igual que Marcos Luna, los artículos y defensas que Rafael Ramírez publica en el portal aporrea.org.

Su trayectoria política

Carente de épica juvenil, tenía que crearse una reputación, aunque fuese reflejada, y apela a las relaciones familiares con personajes de la guerrilla venezolana.

Sus biógrafos de ocasión lo colocan como militante de Ruptura, fachada legal del Partido de la Revolución Venezolana (PRV), uno de los aparatos políticos del grupo guerrillero Fuerzas Armadas de Liberación Nacional (FALN), durante la década violenta de los años sesenta en Venezuela. Allí recibe la influencia de Kléber Ramírez Rojas[9] y de Argelia Melet de Bravo, ex esposa de Douglas Bravo. Sobre esta época Rafael Ramírez explicó lo siguiente[10]:

Desde los quince años de edad he militado en partidos de la revolución; creo firmemente en la necesidad de su existencia, prefigurando en su seno, la sociedad y los valores, la conciencia que luego ha de irradiarse a toda la sociedad, a través de la acción política.

8   Toby Valderrama, un profesor universitario y activista de las luchas populares desde los años 60... El eje principal del trabajo de estos activos propagandistas de las ideas revolucionarias, sin embargo, está dado por la columna "Un Grano de Maíz", que Valderrama publica todos los días en el matutino caraqueño *Vea*. Hasta hace poco la columna la firmaba Antonio Aponte, pero Valderrama ha asumido ahora plenamente su autoría... Tanto la columna de Toby Valderrama como las demás tribunas que ocupan él y sus compañeros, sostienen una línea de firme defensa del socialismo del siglo XXI y de respaldo al liderazgo de Chávez.

9   Kléber Ramírez Rojas (Chiguará, Mérida, Venezuela, 8 de noviembre de 1937-Caracas, Venezuela, 6 de junio de 1998) fue un ingeniero civil, profesor universitario, estadista, guerrillero e ideólogo socialista y bolivariano venezolano. Se destaca su participación en movimientos y organizaciones políticas de corte izquierdista. Se considera un personaje ilustre del estado Mérida y de Venezuela. Realizó aportes ideológicos-filosóficos-políticos importantes a la Revolución bolivariana y al socialismo del siglo XXI. Fue uno de los teóricos más influyentes en la visión política de Hugo Chávez que desembocara en el 4 de febrero de 1992. A través de sus escritos, muchos de ellos inéditos y otros póstumos, Kléber Ramírez insistió mucho en el "Estado comunal", concepto relacionado con la comuna.

10   Véase: El congreso del PSUV. Rafael Ramírez Carreño, 10/06/18: *www.aporrea.org/ideologia/a264633.html*

Iniciamos nuestra formación en el ya legendario "PRV-RUPTURA", por muchos años, duros, pero de gran aprendizaje, estudio, trabajo político en la calle, hasta que la dirección política de entonces se extravió en Cabure[11], y optó por la disolución de nuestra organización. Luego, insistimos en el intento con la Esperanza Patriótica, desde las montañas de Mérida, pero ya la dispersión era la regla en el campo revolucionario, y la crisis era extendida en el país, hasta que el pueblo se fue solo, espontáneamente a la calle, sin una vanguardia, y lo masacraron en su grito desesperado durante "El Caracazo".

Sin embargo, a raíz de un artículo en internet sobre la participación política de Rafael Ramírez durante su carrera universitaria, un estudiante de su época en la ULA comenta esto[12]:

Estudié en Mérida en la ULA. Conocí de cerca a Rafael Ramírez y nunca lo vi establecer amistad alguna con Diógenes Andrade (El Fantasma)[13], quien era el operador político más fuerte de la izquierda que existía en la facultad de Ingeniería. Hablo de 1981-1986.

Poco se conoce sobre la vida universitaria de Rafael Ramírez, y como no hay documentación escrita de su estadía en esta y de sus acciones épicas revolucionarias, se hace necesario recurrir a su autobiografía, dispersa en sus escritos y recogida en su blog https://rafaelramirez.net.

---

11   Pueblo de la serranía de Falcón, lugar de nacimiento de Douglas Bravo y centro de la guerrilla guevarista de la década de los 60.

12   Véase: Conozca la historia real de Rafael Darío Ramírez Carreño Ex presidente de Pdvsa, primo de Carlos El Chacal, Febrero 1, 2015 " *https://resistenciav58.wordpress. com/2015/02/01/conozca-la-historia-real-de-rafael-dario-ramirez-carreno-ex-presidente-de-pdvsa-primo-de-carlos-el-chacal/*

13   Tomado de Hoja de vida de Diógenes Ramón Andrade Reyes, "El Fantasma", ingeniero mecánico. Fundador del Movimiento 21 de Noviembre en la Universidad de Los Andes; representante Estudiantil ante el Consejo de la Facultad de Ingeniería de la ULA; miembro de la Asamblea de Facultad de Ingeniería de la ULA (2 períodos); militante del Movimiento de Izquierda Revolucionaria (MIR); miembro del Comité Pro-Voto Nulo, coordinado por los camaradas Jorge Rodríguez y Domingo Alberto Rangel; militante de la Liga Socialista y coordinador del Movimiento Estudiantil de Unidad con el Pueblo (MEUP). *https://diputadodiogenesan.wordpress.com/perfil/*

De esta manera se describe este personaje en su hoja web:
Rafael Ramírez Carreño

Ingeniero y político venezolano. Ex embajador de la República Bolivariana de Venezuela ante la ONU. Ex ministro de Energía y Minas y ex presidente de la empresa pública Petróleos de Venezuela, S.A. (Pdvsa) hasta el año 2014. Militante Revolucionario, chavista y bolivariano.

Curiosamente, en este mismo blog se presenta su "autobiografía" escrita en tercera persona, indicio de que pudo haberla escrito un "tercero". Se trata de una cuartilla llena de auto halagos. Dice que es "Embajador", lo que le daría prestigio sobre su máximo detractor, que ostenta el deshonroso título de "procónsul". Además, afirma que "desarrolló una carrera profesional de gran importancia para Venezuela en el sector petrolero". La realidad es otra.

Su carrera universitaria y profesional

Según le explicó a la periodista en la entrevista antes señalada[14]:

...comenzó en 1983 como estudiante de física pura y estudió varios semestres, carrera en la que conoció al profesor Adán Chávez, hermano de Hugo Chávez y considerado por muchos como su mentor político. Se dio cuenta de que la física se limitaba a un ejercicio teórico y luego optó por la ingeniería mecánica. Se graduó en 1988 en la Universidad de Los Andes (ULA), a la edad de 25 años. Como estudiante hizo pasantía en Sidor. Fue seleccionado por una misión de Intevep, filial de Pdvsa, que hacía labores de "scout" buscando potenciales candidatos en ULA para trabajar en ella. Una vez graduado, prefirió aceptar trabajar con Intevep... con un proyecto de crudos pesado.... Su primera experiencia en la estatal fue formativa pero no muy grata... Me metí en la Faja, en San Tomé, en Paraguaná y en Maturín y trabajé dos años en campo, haciendo guardias noc-

---

14   Marianna Párraga, *op. cit.*

turnas, pero en algún momento entré en conflicto con la cultura de Pdvsa, heredada de las transnacionales".

Acota la periodista: "Rafael cree que en Pdvsa 'no se discutía, se imponía', lo cual generaba 'problemas de opinión".

El conflicto al que alude Rafael Ramírez refiere a la disciplina que debe mantener en cuanto a las instrucciones que recibe. Al objetarlas sin ofrecer razones convincentes, entra en conflicto con su supervisor, y más aún cuando este estimaba su desempeño como "muy bajo".

Su padre, Rafael Darío Ramírez Coronado, era comisario de Pdvsa, designado por el ministro de Energía y Petróleo (su compañero de aventuras guerrilleras), e intercedió con la búsqueda de un traslado a otra filial de Pdvsa. Se le propuso liderar un proyecto en el oriente del país, específicamente en Maturín, bajo la supervisión del gerente local de Ingeniería y Proyectos, cargo al cual él aspiraba, por lo que no aceptó. Al no tener otra opción, consultó con su padre y renunció a Intevep.

Consiguió trabajo en Inelectra, empresa de ingeniería nacional, que al igual que otra empresa de ingeniería nacional, Otepi, integraban un consorcio con la empresa M. W. Kellog en el Proyecto de Ampliación de la Refinería de Cardón (PARC), de Maraven. Fue designado para trabajar en las oficinas de Kellog en New Jersey como "piping designer". Además trabajó en Francia en esa especialidad en un proyecto de gas licuado para Nigeria.

Regresó a Venezuela en 1995. Poco se sabe de su actuación al regreso y hasta su designación en Enagas. Ni él ni sus biógrafos dicen algo al respecto, salvo lo que le confiesa a la periodista Párraga, en la oportunidad antes mencionada, que se inscribió en una Maestría en Estudios Energéticos en la Universidad Central de Venezuela, que nunca pudo terminar: "Llegué hasta la tesis pero me llamaron del gobierno". Pero en la descripción sucinta de su "currículo", en el documento "Información Financiera y Operacional al 31 de diciembre de 2006 de Pdvsa, página 13, lo

refiere como culminado de manera exitosa. Así se lee en (http://
www.Pdvsa.com/images/pdf/iga/IGA2006.pdf):

Rafael Ramírez Carreño es Ingeniero Mecánico graduado en la
Universidad de Los Andes en 1989, con una maestría en Estudios
Energéticos de la Universidad Central de Venezuela. Inició su actividad profesional en la industria petrolera con Intevep, filial de
investigación y desarrollo de Pdvsa, donde fue inicialmente asignado para trabajar en el manejo de crudos extrapesados en la Faja
Petrolífera del Orinoco. Otras asignaciones y cargos posteriores en
otras filiales[15] lo dotaron de una amplia experiencia en el desarrollo,
coordinación y gerencia de proyectos de ingeniería y construcción.
Su trabajo en Estados Unidos de América incluye el desarrollo del
Proyecto de Mejoramiento y Expansión de la Refinería de Cardón,
y el Proyecto de Gas Natural Licuado en Nigeria y Francia. Ramírez
fue Presidente fundador del Ente Nacional del Gas (Enagas), organismo encargado de la reestructuración del plan nacional del gas
y responsable del diseño, desarrollo y promoción de la política del
Estado para este sector.
En febrero de 2002 fue designado Director Externo de Pdvsa y, en julio de ese mismo año, fue designado por el presidente de Venezuela,
Hugo Chávez Frías, como Ministro de Energía y Minas.

Su mentor y protector, Alí Rodríguez Araque, ministro de
Energía y Minas, lo nombra el 17 de julio de 2000 presidente del
Ente Nacional del Gas (Enagas), organismo adscrito a ese minis-
terio, sin que aparezca su designación en la Gaceta Oficial. En
este nombramiento también lo respaldó su mentor político, Adán
Chávez. Eran amigos, se conocieron en la Universidad de Los
Andes. Eran jóvenes y los unía el ideal de la revolución.

En febrero de 2002, en cumplimiento de su plan de tomar la

---

15   No trabajó en otras filiales de Pdvsa, salvo cuando fue designado por Chávez en 2002, por
      breve plazo, como director externo de la empresa, acompañando la Junta Directiva enca-
      bezada por Gastón Parra Luzardo. Posteriormente Chávez declaró lo siguiente: "Cuando
      nombré a Gastón Parra Luzardo y aquella nueva junta directiva, pues estábamos provo-
      cando la crisis".

Colina (frase que que representaba a Pdvsa), y darle un golpe la oposición, Chávez designó como presidente a Gastón Parra Luzardo y nombró a cinco directores internos sin méritos suficientes.

La nueva directiva de Pdvsa queda integrada por Gastón Parra Luzardo (presidente), Jorge Kamkoff Miller (vicepresidente), Alfredo Riera (Vicepresidente), Luis Dávila (director), Carlos Mendoza Pottellá (director), Argenis Rodríguez González (director), Félix Rodríguez (director), Jesús M. Villanueva R. (director), Clara Corro Fernández (directora externa), Rafael Darío Ramírez Carreño (director externo) y Arnoldo Rodríguez Ochoa (director externo).

Al no poder enfrentar la presión de los trabajadores, Gastón Parra decidió renunciar a la presidencia de Pdvsa. Pero Chávez no anunció públicamente la renuncia para mantener la protesta en efervescencia[16]. Chávez necesitaba un verdugo para la tarea de tomar a Pdvsa, por lo que designa al ex guerrillero Alí Rodríguez Araque (comandante Fausto), con probada lealtad a Fidel Castro y a Chávez, quien contaba con "pedigrí" revolucionario y guerrillero, y con "experiencia petrolera" en calidad de "explosivista"[17].

Ese incondicional de la revolución sí sabía desempeñarse como verdugo. Sus acciones guerrilleras así lo avalaban, y como

---

16   Gastón Parra no calzaba las condiciones de verdugo, como quería Chávez, y en sus apariciones públicas se mostraba timorato y dubitativo. Creo debe otorgársele el beneficio de la duda, por la afirmación que hace Domingo Felipe Maza Zavala, en su libro *Yo, el Banco Central y la economía venezolana*, p. 58, de la colección Aries, Fuera de Serie, del diario *El Nacional*; cito:

> Gastón Parra fue presidente de Pdvsa en la etapa crítica de 2002. Se supone que gozaba de la confianza plena del Presidente de la República. Me consta, porque me lo consultó a mí, que el Dr. Parra renunció a su cargo el propio 11 de abril en la mañana. Pero el presidente Chávez no informó de eso al país. Hubiera sido oportuno que lo informara porque eso habría de alguna manera influido en el desenvolvimiento de la crisis política. Pdvsa era el meollo del asunto, el centro nervioso de la crisis, y el hecho de que el presidente de la compañía renunciara era dato relevante. Él me consultó si era conveniente u oportuno que renunciara, y yo le dije que sí. Pero el Presidente se guardó le renuncia del Dr. Parra en su bolsillo.

> Queda en evidencia aquí la malévola intención de Chávez de no impedir la huelga, para acabar con el bastión de la decencia y dignidad que representaban los gerentes, empleados y trabajadores de Pdvsa.

17   Por haber volado las tuberías que alimentaban de crudos la refinería de Puerto La Cruz, lo que describe con todo lujo de detalles como "acción heroica que casi le cuesta la vida". Véase: conversaciones con la periodista cubana Rosa Miriam Elizalde, recogidas en el libro *Alí Rodríguez Araque. Antes de que se me olvide*, pp. 60-62.

presidente de Pdvsa le correspondió la execrable tarea de contribuir a despedir 726 trabajadores de la nómina ejecutiva, 12.371 de profesionales y técnicos, 3.705 operadores y artesanos y 1.954 obreros operadores y mantenedores, para un total de 18.776 despedidos, cifra a la que hay que agregar unos 2.500 de la empresa mixta Intesa y un número aproximado de unos 2 mil a quienes no les llegó el despido pero que fueron impedidos de ingresar a la empresa[18].

A la gran mayoría de esas personas no se les reconocieron las prestaciones sociales y fueron condenadas a no ser empleadas por ninguna de las empresas que tuviesen relaciones con la industria petrolera nacional. De esta infausta acción de despidos de trabajadores se ufana Rafael Ramírez en su arenga política frente a empleados de primera y segunda línea del Ministerio de Energía y Petróleo, y de Pdvsa y sus filiales, al afirmar de manera enfática[19]:

> A nosotros no nos tiembla el pulso. Nosotros sacamos de esta empresa a diecinueve mil quinientos enemigos de este país, y estamos dispuestos a seguirlo haciendo, para garantizar que esta empresa esté alineada y corresponda al amor que nuestro pueblo le ha expresado a nuestro Presidente.

Auge

Alí Rodríguez Araque deja vacante la Secretaría General de OPEP por unos meses y se designa a Álvaro Silva Calderón para el cargo, por lo cual tiene que dejar el Ministerio de Energía y Minas. Chávez, atendiendo la recomendación de sus mentores, Alí Rodríguez Araque y Adán Chávez, sostiene una conversación personal con Rafael Ramírez en busca de compromiso y lealtad, para jugar "cuadro cerrado", como le enseñaba el gran pelotero Víctor Davalillo a Chávez en las caimaneras en Elorza.

---

18   Ver El discurso de Rafael Ramírez: Pdvsa sí es roja, ¿y qué? Viernes, noviembre 03, 2006. En: https://lubrio.blogspot.com/2006/11/el-discurso-de-rafael-ramrez-pdvsa-s.html

19   *Ídem.*

Ante tal honor, y viniendo de su ídolo, de inmediato aceptó el cargo, que asumió el 17 de julio de 2002. Desde allí desplegaría todos sus esfuerzos hacia la causa de su comandante Chávez por la promesa empeñada.

Se destacó como un ministro obediente y disciplinado, y muy eficaz en colocar a Pdvsa como sostén operativo y financiero de Chávez y de su revolución, no en balde Chávez premia siempre la lealtad por encima de la capacidad e idoneidad. La revolución no se hace con "togas, birretes y títulos", sino con lealtades y solidaridades ciegas, rodilla en tierra, y es preferible si lo hace con ambas.

El 9 de junio de 2004, en el Teatro Municipal de Caracas, el presidente Chávez lo juramenta como integrante del Comando Nacional "Maisanta", conjuntamente con Mari Pili Hernández, quienes se ocuparían de conducir la campaña electoral de cara al referéndum revocatorio, la cual sería conocida entre los afectos al proceso bolivariano como batalla de Santa Inés. Transcurridos dos años de comprobada lealtad y compromiso con su líder, Chávez lo designa como presidente de Pdvsa y de su Junta Directiva el 20 de noviembre de 2004. Ambos cargos los ejerce de manera simultánea por diez años, en abierto conflicto de interés.

En solo cuatro años, un bisoño empleado de baja evaluación en un cargo menor en Intevep, con pobre desempeño, y con una designación de director externo de Pdvsa por capricho de Chávez, que duró escasas semanas en funciones, alcanzó el más alto cargo del Ministerio de Energía y Petróleo y de la Industria Petrolera y Petroquímica Nacional. Posiciones que mantuvo hasta el 2 de septiembre de 2014 (10 años y 12 años, respectivamente)[20], cuando fue designado ministro del poder popular para las Relaciones Exteriores y después embajador en las Naciones Unidas. Cargo, este último, que le faculta para ostentar el rango que exhibe orgulloso de "Embajador".

---

20   ...algo inusual, porque lo habitual era que un funcionario no se mantenía más de tres años en esos cargos, salvo contadas excepciones.

Actividades desarrolladas

Chávez le asignó a Pdvsa funciones y obligaciones –totalmente ajenas a su misión– en economía, educación, sanidad, vivienda y ayuda internacional; áreas que correspondían a otros organismos y ministerios entre los innumerables que integraban el gran circo de su gobierno.

No bastaba con los cargos de ministro y presidente de Pdvsa, cada uno de los cuales demandaba dedicación exclusiva. Chávez también le encargó a Ramírez las más grandes misiones sociales para mejorar el vínculo del Gobierno con los sectores populares, que le permitirían mantenerse en el poder (a pesar de que perdió constitucionalmente el revocatorio de su mandato). La tarea abarcaba las misiones de educación: Robinson, para la alfabetización; Robinson II, para la escolarización hasta sexto grado; Rivas, para la escolarización en educación media; Barrio Adentro I, II y III, para mejorar la atención sanitaria y la cobertura médica gratuita; Mercal, para garantizar el acceso a alimentos a precios subsidiados; Piar, para la atención a las comunidades indígenas, y la Gran Misión Vivienda Venezuela. Sobre ese tema Vladimir Villegas le hizo esta pregunta[21]:

Ahora fíjate, Rafael, eso de que Pdvsa se dedicara a otras funciones, por ejemplo, el Barrio Adentro, Pdval, la Misión Ribas, Misión Robinson, etcétera. ¿Eso no fue un error, el de traer la empresa en otra cosa, que para eso están el Ministerio de Salud, Ministerio de Educación, Ministerio de Asuntos Sociales?

Su respuesta fue:

Pero no estaban. El problema es que nuestra empresa, siendo una empresa nacional, no participaba en la derrota de la pobreza, en la lucha por el desarrollo social. Yo, por cierto, te voy a decir que esas actividades es de las cosas de las que estoy más orgulloso en mi vida;

---

21   Ver nota 3.

es decir, de esos barriles de petróleo utilizados para Barrio Adentro para evitar que nuestra gente se muera como se muere ahorita en nuestros barrios, esos fueron de los barriles que invertimos mejor; o para llevar a los muchachos la Misión Ribas. Graduamos un millón de muchachos con la misión Ribas; dígame para hacer las viviendas, la Gran Misión Vivienda Venezuela. Te digo que eran 600 mil viviendas que entregamos... es de lo mejor. Ahora, eso no distraía ni el presupuesto de Pdvsa ni el esfuerzo de nuestra industria; lo que el presidente Chávez hacía como jefe del Estado, como jefe de la Hacienda Pública era: "Rafael, aquí tenemos estos excedentes", porque teníamos muchos excedentes. Nosotros entregamos al Fisco esa cantidad impresionante de dinero, entregamos al Fonden más de 100 mil millones de dólares.

El presidente Chávez lo que decía era "Mira, Rafael, estos planes que tenemos nosotros no los podemos hacer con los ministerios". ¿Tú crees que hubiéramos graduado un millón de muchachos en educación media en el Ministerio de Educación que teníamos o que tenemos. Tú crees que hubiéramos hecho viviendas? Ahí estuvieron varios ministros que están hoy en el Gobierno, Diosdado es uno, que hizo apenas 27 mil viviendas al año. Nosotros hicimos 600 mil viviendas en dos años y medio... Había que lograrlo.

Había que tener la fuerza y la capacidad de Pdvsa para coordinar. Pero siempre nuestras operaciones estuvieron como una prioridad, porque el presidente Chávez entendía y yo entendía, que era nuestra responsabilidad mantener el país funcionando.

Con este argumento Ramírez pretende justificar la multiplicidad y diversidad de funciones, ajenas todas ellas a las que son medulares de la industria de los hidrocarburos, como son la exploración, producción, acondicionamiento, almacenamiento, transporte, refinación y mejoramiento, comercio y exportación de hidrocarburos líquidos y gaseosos.

Producto del proyecto de socialismo del siglo XXI, de la apropiación de los medios de producción mediante nacionalizaciones, estatizaciones, expropiaciones y, mayormente, confiscaciones, se le asignaron a Pdvsa empresas agrícolas y agroindustriales, lecheras, torrefactoras de café, industriales (hierro, acero, tuberías, válvulas); eléctricas (Misión Revolución Energética), e infraestructura (remodelaciones de espacios sociales).

Por otra parte, el régimen solicitó y obtuvo préstamos a mediano y largo plazo, estableció convenios con países hermanos (en los que Rafael Ramírez confiesa haber participado activamente) para la compra de voluntades ante los organismos regionales y sistemas multilaterales; y lo más odioso y repugnante: permitió la intromisión de cubanos en las áreas más sensibles del país, lo que obligaba a Pdvsa a disponer de ingentes recursos de hidrocarburos para pagar el servicio del principal e intereses y vender los hidrocarburos por debajo de los precios del mercado; con pagos parciales y financiamiento a muy largo plazo y a tasas de interés ridículas.

Adicionalmente, con la complicidad de las instituciones y órganos de control, el régimen creó leyes para captar la mayor cantidad de renta petrolera y canalizarla a través de órganos parafiscales sin control ni reporte alguno. Se generó así un reiterativo déficit de caja de magnitudes "millardescas" en Pdvsa, que obligaba a hacer malabarismos de "ingeniería financiera revolucionaria" para mostrar sus estados financieros consolidados como exitosos, algo de lo que Rafael Ramírez se ufana, pero que no resisten una auditoría seria.

Concentración de poder

A pesar del evidente conflicto de interés, Ramírez era simultáneamente ministro de Energía y Petróleo y presidente de Pdvsa y su Junta Directiva. La importancia de ambos cargos demanda atención dedicada[22], y la sana administración recomienda que sean desempeñados por diferentes funcionarios. Pero privó el capricho y testarudez de Hugo Chávez que, sumados a la impericia del bisoño ocupante, a la postre causaron grave daño al país.

---

22   La Constitución Nacional establece en su artículo 141 la eficacia y eficiencia en la gestión, principio que solo se garantiza cuando se ejerce un cargo a dedicación exclusiva.

Como ministro de Energía y Petróleo Ramírez tenía la misión de formular, adoptar, seguir y evaluar las políticas, estrategias, planes generales, programas y proyectos en materia de energía e hidrocarburos, presidir la Asamblea de Pdvsa, y entre las funciones de este cuerpo colegiado, conocer, aprobar o improbar el informe anual de la Junta Directiva, el balance y el estado de ganancias y pérdidas; designar el Comisario de la sociedad y de su adjunto; conocer el informe del Comisario. Como presidente de Pdvsa, debía ejercer la dirección inmediata y la gestión diaria de los negocios de la sociedad; como presidente de su Junta Directiva, debía planificar las actividades de la sociedad y evaluar periódicamente el resultado de las decisiones adoptadas; examinar, aprobar y coordinar los presupuestos de inversiones y de operaciones de las sociedades o entes afiliados; presentar a la Asamblea Ordinaria el informe anual sobre sus operaciones, el balance y el estado de ganancias y pérdidas del ejercicio; proponer a la Asamblea las modificaciones de los Estatutos que considere necesario. Dicho en el lenguaje llano, era a la vez juez y parte en una tarea ciclópea imposible de desempeñar bien por ningún mortal.

La ONG Transparencia Venezuela afirma que

Este tipo de designaciones contraviene el deber ser del ejercicio de la función pública y viola las reglas básicas de la democracia y del estado de derecho, además de las convenciones contra la corrupción que obligan a separar la función ejecutiva y la de contraloría. Además, diluye el control, presenta conflicto de intereses, aumenta exponencialmente los riesgos de corrupción y alimenta la impunidad. Por otra parte, conlleva a ineficiencia... El conflicto de intereses es una forma de corrupción alimentada por esta práctica, que abona el terreno para la injerencia político-partidista y propicia que los funcionarios públicos aprovechen su posición en beneficio personal[23].

---

23   Ver "Ser ministro de energía y presidente de Pdvsa a la vez es pagarse y darse el vuelto". Caracas, 28 de noviembre. https://transparencia.org.ve/ministro-energia-presidente-pdvsa-la-vez-pagarse-darse-vuelto-infografia/

Tristemente, todo eso sucedió y sumió al país en la más grande corrupción jamás vista; destruyó a la principal industria del país, generadora de los ingresos de divisas, y empujó al pueblo venezolano a la más grande miseria y pobreza.

Rafael Ramírez afirma que Pdvsa manejaba 234 filiales. Cada una con su propio directorio. No existe otra Corporación que tenga este número de filiales. Esa complejidad la hacía inmanejable sin una sólida estructura gerencial, disciplinada, con líderes de comprobada eficiencia y eficacia.

Contraviniendo normas expresas sobre la no participación en cargos de índole política, Rafael Ramírez reconoce[24] que:

> Como miembro fundador del PSUV, he formado parte de su dirección política, he sido vicepresidente para el Oriente del país, donde obtuvimos importantes victorias, sobre todo cuando recuperamos el estado Sucre para la revolución; luego vicepresidente en el Occidente (Zulia-Los Andes), donde logramos una sorprendente y resonante victoria en Mérida. Desde la "Batalla de Santa Inés", en 2004, hasta la última contienda electoral del Comandante Chávez en 2012, fui el jefe de movilización y logística de nuestro movimiento...

Por si fuera poco, Chávez le fue asignando diferentes cargos y funciones, a saber:

- Quinto vicepresidente del Consejo de Ministros Revolucionarios del Gobierno Bolivariano de Venezuela, mediante el decreto presidencial N.º 457, publicado en la *Gaceta Oficial* N.º 40.266 del 18 de septiembre de 2009.
- Vicepresidente del Área Territorial y coordinador del órgano superior del Sistema Nacional de Vivienda y Hábitat, en 2011.
- Coordinador de la Gran Misión Vivienda Venezuela, en 2012, para impulsar la bandera oficial de la campaña presidencial.
- Jefe Plenipotenciario de la Economía de Oriente.

---

24   Ver "El congreso del PSUV". Rafael Ramírez Carreño 10/06/18. www.aporrea.org/ideologia/a264633.html

- Presidente del Fondo Simón Bolívar, organismo para la Reconstrucción, adscrito al Órgano Superior de la Vivienda, *Gaceta Oficial* N.º 39.896, del 2 de abril de 2012.
- Vicepresidente del Área Económica del Consejo de Ministros Revolucionarios, decreto presidencial N.º 457, publicado en la *Gaceta Oficial* 40.266, del 7 de octubre de 2013. Coordina a los ministerios de Finanzas, Industria, Comercio, Alimentación, Agricultura y Tierras, Ciencia y Tecnología, Banca Pública y Turismo. La Vicepresidencia Económica, el Órgano Superior de Administración de Divisas y el Órgano Superior para la Defensa de la Economía Popular también están subordinadas a este cargo. En resumen, abarca todas las áreas de la economía.

Los hechos que lo señalan

En el largo ejercicio de sus funciones en ambos cargos, ocurrieron los más sonados casos de corrupción en la industria de los hidrocarburos, que señalan a personas que ocuparon altos cargos en Pdvsa, sus filiales, en el Ministerio de Energía y Petróleo, y en empresas del Estado del área energética. La lista está formada por nombres con nexos consanguíneos y de afinidad muy cercanos, que compartieron cuerpos colegiados y/o integraron juntas directivas en las filiales, compañeros de estudio y de aventuras guerrilleras.

La lista es larga y las pruebas copiosas. Algunos han sido objeto de acciones judiciales por parte del Departamento del Tesoro de los Estados Unidos, de tribunales de otros países y de los órganos de investigación y combate contra la corrupción, que han acordado una gran batida; suspensiones de visas, oficiado detenciones en Interpol, extradiciones, confiscaciones de bienes y fijado recompensas cuantiosas a las personas involucradas. Acciones, algunas de ellas, que han resultado con penas de cárcel.

La Comisión Permanente de la Asamblea Nacional señala "presuntas irregularidades administrativas en contra del patrimonio público", ocurridas en Petróleos de Venezuela S. A. (Pdvsa), durante el ejercicio de su cargo como presidente de esta empresa en el período comprendido entre los años 2004 y 2014.

Se advierte del uso indebido del fondo de pensiones de los trabajadores de Pdvsa; irregularidades en el manejo de los recursos destinados al mantenimiento de la refinería de Amuay; irregularidades en la administración de fondos públicos que ingresaron en las cuentas de la Banca Privada D´Andorra; perjuicios pecuniarios por la adquisición de títulos y otros instrumentos financieros con fondos de la estatal petrolera en el Banco Espirito Santo; y por las irregularidades en la celebración de contratos con la estatal Pdvsa. En noviembre de 2016 la Asamblea Nacional llamó a Rafael Ramírez a comparecer por el desfalco de 11 mil millones de dólares en la petrolera estatal y sus distintas filiares, pero no se presentó. En requerimiento posterior, el PSUV le negó la comparecencia, y la Asamblea Nacional le dio un "voto de censura". Vladimir Villegas aborda el tema en la entrevista[25] que sostuvieron:

Vladimir: Fíjate, Rafael, a propósito de la Asamblea, cuando la oposición planteó en la Asamblea Nacional que te interpelaran el PSUV no lo aceptó. Era mayoría el PSUV en la Asamblea. Esa habría sido una oportunidad de oro para que tú explicaras tantas cosas.

R. R: Yo siempre que la Asamblea me interpelaba iba en el gobierno de Chávez. Ahora, ¿qué pasó después de que yo salí de embajador a las Naciones Unidas? Bueno, en la asamblea, sobre todo cuando Ramos Allup la presidió, se desató (...) un aquelarre de brujas, pues fue una cosa horrible, justamente encabezada por este señor al que ahora le dieron amnistía, Freddy Guevara, y levantaron un expediente en contra mía, absurdo y estúpido, pues no tiene ni siquiera sentido de las proporciones.

O sea, una cosa loca para hacer un show político. ¿Y tú sabes qué pasó con el PSUV? Recibieron la orden, porque yo hablé con Héctor (Rodríguez), que era jefe de la fracción, recibieron la orden de arriba

---

25   Ver nota 3.

–él no me quiso decir quién– de no salir a defender la gestión mía, que era la gestión de Chávez. Sin embargo, el PSUV fue a defender... a Cilia, cuando lo llevaron ante la Asamblea; pero a defender la gestión y a dar una discusión sobre la política de plena soberanía petrolera. No fueron (...) Como yo me di cuenta de que ni el gobierno ni el PSUV iban a salir en mi defensa, porque ya Maduro estaba en su plan, me recorrí el Tribunal Supremo Justicia, la Sala Constitucional, y expuse mi defensa ante los alegatos de la Asamblea (...) la Asamblea no tiene además ninguna función acusatoria en ningún tipo. Pero de todas maneras, como fue tal el impacto mediático, fui para allá, y yo tengo una sentencia firme de sala plena, donde desmienten todo eso que dijo este señor en esa cosa, que fue un linchamiento moral. Ah, pero es que el objetivo no era la verdad. El objetivo era sacarme a mí... y toda esa información y toda esa maniobra contó con el apoyo de Maduro, del madurismo en la Asamblea Nacional. El hecho más notorio (...) no fueron a la asamblea, no discutieron nada. Pero te vuelvo a decir, sí discutieron la defensa de los sobrinos de Cilia, una cosa vergonzosa, porque para eso no es la Asamblea ni el Gobierno (...), ese es un caso criminal que se lleva en un juzgado en los Estados Unidos.

Pero bueno, entonces ahí tú te diste cuenta de que eso era una operación política en mi contra, pero yo tengo una sentencia del Tribunal Supremo. Y que no era el Michael Moreno en la anterior directiva del Tribunal Supremo... ¿y qué van a hacer, van a borrar eso también como han borrado mis discursos y mi fotos?, ¡no!, eso está ahí. La verdad hay que perseguirla, buscarla hasta debajo de las piedras.

Uno de los principales investigadores de la corrupción en Venezuela, Carlos Tablante Hidalgo[26], afirma que

Rafael Ramírez Carreño no puede decir que no tiene ninguna responsabilidad en el saqueo que sufrió Pdvsa bajo su mandato de diez años. Es mentira que ignoraba lo que pasaba porque tenía el control

---

26   Ver Carlos Tablante. "La Pdvsa roja rojita de Rafael Ramírez". 24 agosto, 2016- https://htr. noticierodigital.com/2016/08/la-pdvsa-roja-rojita-de-rafael-ramirez/

total a través de los familiares y amigos que colocó en puestos claves de la industria. La red incluía primos, sobrinos, hermanos, compañeros de estudios y parientes políticos. Los apellidos Ramírez, Salazar, Carreño, Sansó, Rodríguez, Luongo, Demari conforman el entramado nepótico que arruinó a Pdvsa... Aduce Ramírez que ni Pdvsa ni él tenían cuentas en la Banca Privada de Andorra. No hacía falta. Las tenían su testaferro Diego Salazar y casi todos los integrantes de esta red de corrupción.

Las millonarias cuentas fueron abiertas tanto en la sede central de Banca Privada de Andorra como en las sucursales de España (Banco Madrid) y Panamá, como está suficientemente documentado en las investigaciones de las autoridades financieras del Principado, EE. UU. y España... En ese momento, a Diego Salazar le bloquearon una cuenta personal con 200 millones de dólares. En ella recibía las "comisiones" de las empresas chinas contratadas a través del Fondo Chino-Venezolano, bajo el control de Rafael Ramírez. Los acuerdos de préstamo de China a Venezuela obligan a la nación a comprar bienes y servicios a compañías chinas. Salazar era el "representante" de dichas empresas ante el Fondo, como él se definió durante el proceso para desbloquear las cuentas.

En el Fondo Chino Venezolano no se movía una hoja sin pasar por las manos de los primos, que se pagaban y daban el vuelto. Ramírez también entregó a su primo y principal testaferro, Diego Salazar Carreño, las millonarias cuentas de los seguros y reaseguros de la petrolera. Los manejos delictivos en esta área quedaron en evidencia con la tragedia de Amuay, donde la República tuvo que asumir millonarios costos porque Pdvsa no estaba apropiadamente asegurada para el momento. Esto es solo la punta del iceberg de las cientos de irregularidades perpetradas en este sector...

Rafael Ramírez debe responder por todo lo que autorizó. No puede desentenderse de las irregularidades de Bariven, ni del desastre de Pudreval, en la importación de alimentos, ni de la incapacidad y corrupción con los contratos de la emergencia eléctrica, donde hay, incluso, declaraciones de prensa de ex altos funcionarios acusando directamente a Ramírez de haber impuesto a contratistas involucrados en millonarios casos de sobornos e incumplimiento de contratos... Como presidente de la empresa y ministro de Petróleo y Minería, Ramírez tiene toda la responsabilidad política sobre la ruina de Pdvsa. En la larga lista de culpas figura además el haber designado y mantenido en sus cargos a individuos señalados en actos de corrupción sin haber iniciado nunca una investigación interna de la que se tenga conocimiento.

Caída

Rafael Darío Ramírez Carreño fue el funcionario público que más tiempo permaneció en ejercicio con Hugo Rafael Chávez Frías (más de 12 años ininterrumpidos). Él mismo explica que

una de las razones por las que en mi caso personal el comandante Chávez me tuvo tantos años al frente de una institución tan importante del país como Pdvsa es porque sabía que yo no andaba con grupos ni planes secundarios[27].

Su rápido ascenso a la más alta cumbre de su séquito (de la mano de muy influyentes padrinos) y el poder que acumuló, no tienen parangón alguno. Su manifiesta sumisión a los designios de su comandante presidente y el trato preferente que aquel siempre le profesó tenía que despertar celos y odio visceral dentro del resto del equipo gubernamental. Es por ello que su poder tenía que durar solo hasta el momento de la desaparición física de su comandante protector. Máxime cuando Chávez, al sentir que físicamente no podía continuar al frente del gobierno, y en aras de mantener la unidad de su hueste, prefirió delegar en Maduro la conducción del país.

Hasta hoy no se conocen las razones por las cuales su otro protector, Alí Rodríguez Araque, no utilizó su influencia ante Fidel Castro para que impusiese a Ramírez como su sucesor, o, si lo

---

27   Ver Rafael Ramírez: "El madurismo hizo un cerco alrededor de Chávez" (1ª entrega de 2). *Tal Cual*. Publicado: agosto 5, 2018. https://talcualdigital.com/rafael-ramirez-el-maduris-mo-hizo-un-cerco-alrededor-de-chavez/

intentó, por qué entre Chávez y Fidel prefirieron a Maduro. El tiempo está dando la respuesta. En este punto es oportuno citar lo expresado por Rafael Ramírez en la entrevista con Vladimir Villegas[28]:

> Villegas: ¿De qué se arrepiente Rafael Ramírez? ¿En qué metió la pata Rafa Ramírez en su gestión en Pdvsa?
>
> R. R: El mayor error que cometí yo fue apoyar a Maduro para las presidenciales. Nosotros hicimos lo que Chávez dijo. Yo creo que también fue un grave error de Chávez haber dicho (...) que apoyáramos a Maduro: un error inducido, porque probablemente nadie le dijo la verdad de que no volvería de esa operación terrible a la que fue sometido.
>
> Y ahora tenemos esta situación donde se ha enquistado en el poder un gobierno criminal. No hay otra palabra para describir lo que hace, lo que le da la gana con el país (...) ha destrozado no solamente la obra de Chávez, ha destrozado todo el país. Hoy día nuestro país está en los últimos niveles a nivel mundial de todo. Entonces, ese ha sido mi mayor error, y yo pido excusas por eso, porque nosotros creímos que, bueno, hicimos lo que Chávez dijo, y creímos que este señor haría un gobierno que era continuidad de la gestión chavista y, bueno, fue un traidor, hizo lo contrario.

Desaparecido su "comandante supremo, líder de la revolución bolivariana, padre del socialismo del siglo XXI y gigante eterno", se desataron los odios reprimidos, y ¿quién mejor que su ministro estrella y consentido, para ser señalado como culpable del desastre del país? Las revoluciones necesitan siempre de un "cabeza de turco" sobre quien descargar la culpa de los males, y salvaguardar el liderazgo.

Consciente del desplazamiento inminente de sus cargos y del ataque despiadado que le dispensarían sus compañeros de gobierno hasta ese entonces, Rafael Ramírez se documentó

---

convenientemente, puso a resguardo toda la información que pudiese utilizar contra sus atacantes y se autoexilió en uno de los tantos paraísos donde se le permite que la justicia no lo alcance. Sus "ahorros" le garantizarán vivir sin las penurias de la gran mayoría de sus compatriotas, emprender la batalla de la defensa de su actuación pública y el contraataque contra quienes considere sus detractores y enemigos.

En 2014, después de haber sido removido por Maduro de los cargos de ministro del poder popular para el Petróleo y Minería y de la presidencia de Pdvsa, se desempeñó brevemente como ministro de Asuntos Exteriores hasta el 2 de septiembre de 2014; posteriormente sirvió como representante permanente de Venezuela en Naciones Unidas, en Nueva York, por unos tres años.

Su nombramiento como representante permanente coincidió con el momento en que Venezuela tomó asiento en el Consejo de Seguridad de las Naciones, el 1 de enero de 2015. El 31 de mayo de 2017 Ramírez fue elegido como Presidente de la Cuarta Comisión (Política Especial y de Descolonización). El 28 de noviembre de ese año, después de semanas de diferencias con el gobierno de Venezuela, Ramírez fue despedido como representante permanente de Venezuela ante Naciones Unidas. Después de una semana de silencio por parte de Ramírez y la Misión de las Naciones Unidas de Venezuela, el 4 de diciembre de 2017 él mismo confirmó que había renunciado al puesto de la ONU a petición del presidente venezolano.

Tras su renuncia se vio obligado a abandonar Estados Unidos; tampoco pudo regresar a Venezuela, por no ser alternativa mientras Maduro y su comitiva siguieran al mando[29]. No podía permanecer en EE. UU., al perder su estatus diplomático y a causa de un proceso legal interpuesto en su contra por Harvest Natural Resources Inc., que fue posteriormente retirado por los acusadores. Acordó con Jorge Arreaza salir junto con María Chávez, la hija de Chávez y cuñada de Arreaza, que trabajaba en la embajada

---

29   Ver nota 27.

en EE. UU., y era clave para su protección, para evitar que fuese llevado a Venezuela. Partieron los tres rumbo a Ecuador, una escala a otro destino, muy probablemente alguno de esos países que abrigan a propietarios de fortunas de dudoso origen que evitan ser extraditados.

El 25 de enero de 2018, el Fiscal General de la República, Tarek William Saab, dio a conocer la orden de aprehensión de Ramírez y solicitó la activación de alerta roja internacional para que se facilite su captura. Sus cargos se resumen en peculado doloso, legitimación de capitales y asociación para delinquir durante el período en el que estuvo al frente de Pdvsa.

El viernes 31 de julio de 2020 la Sala de Casación Penal del Tribunal Supremo de Justicia declaró procedente una solicitud a la República de Italia para extraditar al ex presidente de la estatal Petróleos de Venezuela S. A. (Pdvsa)[30]. De aprobarse la solicitud por parte del gobierno italiano, Ramírez enfrentaría un proceso judicial en su país por los cargos de peculado doloso propio, evasión de procedimiento licitatorio y asociación para delinquir.

Esta decisión contrasta con la que tomó la Sala Constitucional del TSJ: Decisión N.º 88 de fecha 24 de febrero de 2017[31]. En esa ocasión la justicia declaró procedente la nulidad por razones de inconstitucionalidad contra los actos, y que estos carecen de validez y eficacia jurídica de esta Comisión Permanente de Contraloría de la Asamblea Nacional, con ocasión de supuestas irregularidades ocurridas en la empresa Petróleos de Venezuela Sociedad Anónima (Pdvsa), durante el período comprendido entre 2004 y 2014, en el que el accionante Rafael Darío Ramírez Carreño se desempeñó como presidente de Pdvsa. Esta decisión parece blindar a Rafael Ramírez, y tal vez le salve una vez más de ser investigado y sancionado, por lo menos hasta que se restituya el estado de derecho y de justicia en el país.

---

30   Ver sentencia: http://historico.tsj.gob.ve/decisiones/scp/julio/309939-55-29720-2020-E20-54.HTML

31   Ver Sentencia http://historico.tsj.gob.ve/decisiones/scon/febrero/196424-88-24217-2017-16-0940.HTML

Respecto a sus relaciones con Maduro, ante una pregunta de la periodista Andrea Tosta[32], declaró lo siguiente:

—AT: ¿Cuál era su relación en aquel entonces con el actual presidente Nicolás Maduro y ese cerco del que usted habla?

—RR: Mi relación en lo personal con Nicolás siempre fue buena. Aquí hay un punto que quiero aclarar: esto no es un tema personal. Él lo convirtió en un tema personal. Tiene un problema: es incontinente, en el sentido de que le entra una rabieta y, bueno, ya ustedes lo ven en las declaraciones, las cosas que dice. Cómo le cambia el rostro, la expresión, la fisonomía... todo. Yo, sin embargo, nunca tuve problemas con Nicolás. Al contrario, tal vez tuviera algo que a él no le gustaba, pero Chávez me llevaba a todas las idas, recorrimos todo el mundo, como una especie de cancillería paralela, porque él entendía que el petróleo era un instrumento fundamental de nuestra jugada geopolítica, y así lo hicimos. Yo lo que trataba era de ayudar y de cumplir las orientaciones del comandante Chávez. Tal vez a alguna gente eso le molestó: a los grupos de cancillería que hoy día tomaron control de todo el país. Hubo otros que se sentían desplazados en la confianza del Presidente. Es algo que es humano, pero este no es un problema personal, es un problema político.

La puesta en escena pública de estos personajes es como la pelea de dos contrincantes iracundos acusándose mutuamente sobre quién es más culpable. Ambos lo son. De entrada por el simple hecho de haber aceptado cargos públicos para los cuales no tenían, ni tienen, ni la capacidad ni la idoneidad. Ambos carecen de los principios ciudadanos indispensables para el desempeño de tan altas y múltiples responsabilidades. Los resultados tenían que ser nefastos para el país, como en efecto lo han sido.

---

32   Ver nota 27.

¿A qué se dedica hoy Rafael Ramírez?

Consciente de la pérdida inminente de sus cargos y del ataque despiadado al que le someterían sus compañeros de gobierno hasta ese entonces, Ramírez se documentó convenientemente y puso a resguardo toda la información privilegiada que le permitió compartir su ídolo en su estrecha relación y los hechos en los que fue partícipe. Juntó todo lo que podría utilizar contra sus atacantes y se autoexilió en uno de los tantos paraísos fuera del alcance de la justicia.

Sus "ahorros" le permitirán vivir sin las penurias de la gran mayoría de sus compatriotas, emprender la batalla de la defensa de su actuación pública y el contraataque contra quienes considere sus detractores y enemigos.

Los hechos subsiguientes evidencian quiénes son sus más acérrimos enemigos y las acciones de que se valen para neutralizarlo. Ramírez, por su parte, trata de mantenerse en escena defendiendo su gestión y su lealtad a Chávez, y contraataca fuertemente contra la gestión de Maduro, culpándolo del desastre en que se encuentra el país.

FECHA	EVENTO
4 de agosto de 1963	Nace Rafael Darío Ramírez Carreño en Pampán, estado, Trujillo, Venezuela
1988	Se gradúa de ingeniero mecánico en ULA, y entra a trabajar en Intevep, asignado al manejo de crudo extrapesados en la Faja.
1995	Renuncia a Intevep y entra a trabajar con Inelectra.
Hasta 1995	Vive fuera del país entre Estados Unidos y Francia.
1995	Regresa a Venezuela.
Desde 1995 a nov. 2002	No se conoce de sus actuaciones.
Noviembre de 2000	Alí Rodríguez Araque lo nombra presidente de Enagas (Ministerio de Energía).
En febrero de 2002	Chávez lo nombra director externo de Pdvsa.
17 de julio 2002	Chávez lo designa ministro de Energía y Minas.
20 de noviembre 2004	Chávez lo nombra presidente de Pdvsa.
Octubre de 2006	Pronuncia una encendida arenga en Pdvsa a los directores del Ministerio de Energía y Minas, de Pdvsa, de Pequiven y a gerentes de primera y segunda línea de Pdvsa ("la vanguardia revolucionaria de Pdvsa", según sus propias palabras) para fijar algunas líneas políticas.
3 de enero de 2007	Chávez lo ratifica en la presidencia de Pdvsa y como ministro de Energía y Minas.
4 de septiembre de 2008	Chávez lo ratifica en el cargo de presidente de Pdvsa.
2004 a 2012	Desde la "Batalla de Santa Inés", en 2004, hasta la última contienda electoral del comandante Chávez en 2012, este lo nombró jefe de movilización y logística del movimiento (MVR).
18 de septiembre de 2009	Chávez lo nombra como quinto vicepresidente del Consejo de Ministros Revolucionarios del Gobierno Bolivariano de Venezuela.
1° de enero de 2010	Es designado Vicepresidente de la Conferencia de Ministros del Foro de Países Exportadores de Gas.
2011	Chávez lo designa Vicepresidente del Área Territorial y Coordinador del órgano superior del sistema nacional de Vivienda y Hábitat.
2 de abril de 2012	Chávez lo nombra presidente del Fondo Simón Bolívar para la Reconstrucción.

FECHA	EVENTO
2013	Chávez lo nombra vicepresidente del Área Económica del "Consejo de Ministros Revolucionarios".
21 de enero de 2014	Maduro lo ratifica como ministro del poder popular para Petróleo y Minería, presidente de Pdvsa y Viceministro para el Área Económica.
6 de mayo de 2014	Maduro lo nombra Jefe Plenipotenciario para la Región de Oriente.
	Preside el Consejo Nacional de Exportaciones y es integrante del órgano superior del Sistema Cambiario.
2 de septiembre de 2014	Maduro lo nombra ministro de Asuntos Exteriores.
26 de diciembre de 2014	Maduro lo designa Representante Permanente de Venezuela en la ONU.
1° de enero de 2015	Ocupa asiento en el Consejo de Seguridad de las Naciones Unidas.
31 de mayo de 2017	Es elegido como Presidente de la Cuarta Comisión (Política Especial y de Descolonización).
28 de noviembre de 2017	Maduro lo despide como Representante Permanente de Venezuela en la ONU.
4 de diciembre de 2017	Confirma que ha renunciado al puesto de la ONU, a petición del presidente venezolano, y se "autoexilia".

CAPÍTULO 2
PARÁMETROS MERITOCRÁTICOS DE LA INDUSTRIA PETROLERA NACIONAL

Héctor J. Riquezes

La Industria Petrolera Nacional (IPN) heredó de las transnacionales el Modelo de Gestión Meritocrático. Las circunstancias en que se recibieron los activos nacionalizados en 1976 y el hecho de que el patrimonio de varias empresas pasara a ser propiedad de un solo accionista indujeron a adoptar el modelo meritocrático y a perfeccionarlo.

El exitoso proceso de racionalización llevado a cabo por la IPN entre 1976 y 1978 permitió reducir el número de filiales de catorce a cuatro operadoras petroleras, verticalmente integradas. Durante el mismo período se creó el Centro de Formación y Adiestramiento Petrolero y Petroquímico (Cepet) y se incorporaron dos nuevas filiales, una para asumir la industria petroquímica (Pequiven) y la otra para asumir las funciones de investigación y desarrollo (Intevep). Esta reorganización permitió una mejor distribución del patrimonio estatizado y la unificación de políticas, procesos y procedimientos de la gestión de los recursos humanos.

Fueron uniformados los sistemas de clasificación y evaluación de puestos, lo que facilitó la movilidad del personal entre las diferentes filiales y entre estas y la casa matriz. Estos importantes cambios hicieron inminente la necesidad de constituir, en 1985, a nivel de la casa matriz, el Comité de Remuneración y Desarrollo Ejecutivo (RYDE), sobre el cual recayó la importante responsabilidad de formular y administrar los programas de planificación de carrera, desarrollo y remuneración del tren ejecutivo de la IPN.

Un modelo administrado al más alto nivel

El Comité de Remuneración y Desarrollo Ejecutivo (RYDE) estaba formado por el presidente de la Casa Matriz Petróleos de Venezuela, S. A., sus dos vicepresidentes, el director responsable de los recursos humanos y el coordinador de recursos humanos. Como todos los comités de la casa matriz, el RYDE funcionaba como un cuerpo asesor del directorio y dentro del marco de su carta constitutiva. En cuanto a su operatividad, el RYDE disponía de una oficina que funcionaba de forma autónoma, altamente profesional, que reportaba directamente a la presidencia de la casa matriz y operaba con dos personas de alto nivel.

La misión del RYDE era garantizar que Petróleos de Venezuela y sus empresas filiales contaran, en todo momento, con la organización y el personal de alta gerencia capaz de afrontar oportunamente los retos presentes y futuros de la IPN.

Para cumplir su misión, el RYDE actuaba como custodio del modelo meritocrático y con ese propósito fue dotado con la autoridad de analizar y recomendar al directorio de la casa matriz cualquier cambio significativo que fuera propuesto en la estructura organizativa de la misma casa matriz y sus filiales. Esto incluía identificar las posiciones claves y críticas de toda la IPN; planificar y administrar la pertinencia y contenido de mil posiciones directivas y gerenciales; planificar y administrar el desarrollo de la carrera de los ocupantes de esas mil posiciones y la de sus dos mil reemplazos designados.

La responsabilidad más delicada del RYDE consistía en recomendar al directorio la designación de los mejores candidatos para desempeñar cualquiera de esas mil posiciones, incluyendo los directores de las empresas filiales. La designación del presidente de la casa matriz Pdvsa, así como sus directores, estaba reservada al ciudadano Presidente de la República, que la ejercía a través de la asamblea de la corporación.

Un modelo incluyente

El Programa de Desarrollo de Personal de la IPN se instauró en 1976 y continuó en funcionamiento hasta el año 2002. Cubría todo el personal de la nómina mayor (gerentes, profesionales y técnicos) y en esta última fecha abarcaba a 20 mil empleados. Este programa establecía los principios, normas y procesos para evaluar el desempeño y estimar el potencial de desarrollo de esos 20 mil empleados y, con base en esa evaluación elaboraba los planes de capacitación necesarios y las próximas asignaciones en la carrera del evaluado.

Cabe acotar que la información vaciada en el instrumento de evaluación del personal ejecutivo, un formulario estándar en toda corporación, era el producto de la observación directa del supervisor inmediato, refrendada por un ejecutivo de nivel superior y confirmada por un comité interdepartamental, cuyos integrantes conocían los aportes y logros del empleado evaluado.

La carrera de todo aquel empleado que, en el proceso de evaluación de esos 20 mil gerentes, profesionales y técnicos, fuese consistentemente evaluado con potencial para ocupar posiciones de alta gerencia o dirección, dejaba de formar parte del Programa de Desarrollo de Personal y pasaba a formar parte del Programa de Desarrollo Ejecutivo y, por ende, administrado por el RYDE.

Criterios utilizados para evaluar el desempeño

El Modelo Meritocrático es un sistema de administración en el que toda energía, individual o colectiva, es canalizada hacia el logro de metas previamente definidas y en el cual todos los generadores de esa energía son compensados en función proporcional a sus aportes y en la especie que los motiva a participar. Según este principio, las metas individuales de cada ejecutivo encajan dentro de las metas de la función donde se desempeña, y estas, a su vez, forman parte de las metas corporativas, la cuales están por diseño orientadas hacia el cumplimiento de la misión de Pdvsa. Esta, desde su incorporación y hasta el año 2002, era la siguiente:

Generar el mayor rendimiento económico posible a su accionista en actividades petroleras, petroquímicas, de gas, carbón y bitúmenes, bajo criterios de mejoramiento continuo de la calidad, productividad y excelencia, con un compromiso ético hacia las personas, instituciones y países con los cuales se relaciona.

De aquí deriva el criterio medular para la evaluación del desempeño del ejecutivo de Pdvsa y filiales: el logro de metas previamente establecidas. Pero tan importante como las metas era la forma de lograrlas, de modo que el ejecutivo también era evaluado en función de la aplicación de sus habilidades para planificar, delegar, controlar, ejecutar, administrar recursos; todo con el mayor grado de eficiencia y dentro del más estricto sentido ético.

Una importante dimensión de la evaluación del ejecutivo consistía en su habilidad para adiestrar a sus eventuales sustitutos. Las posibilidades de ascenso de un ejecutivo dependían, en buena medida, de su capacidad para preparar candidatos para su propio reemplazo. La evaluación de esta dimensión aseguraba que la corporación dispusiera, en todo momento, de dos posibles reemplazos para cada posición ejecutiva existente; dotaba al programa de la sostenibilidad necesaria y cumplía con un criterio fundamental: "todos son importantes, ninguno es imprescindible".

Criterios utilizados para estimar el potencial

En consonancia con el Modelo Meritocrático, Pdvsa adoptó la política de ofrecer a sus profesionales y técnicos una carrera con la Corporación, y no solo un puesto. Tal planteamiento comprometía a la Corporación a procurar el crecimiento continuo y sostenido del ejecutivo por un período de 30-35 años y estimar la capacidad y voluntad del ejecutivo para materializar ese crecimiento. Quizás era esta, la estimación de potencial, la tarea gerencial más difícil, pero era imprescindible para la planificación de desarrollo ejecutivo. Se trataba de estimar la capacidad de un individuo para desempeñar exitosamente posiciones de más alto nivel dentro de Pdvsa y sus Filiales. Los principales criterios utilizados eran la capacidad de análisis, la imaginación y creatividad del ejecutivo; su sentido de realidad, visión de conjunto; su manejo de la presión de trabajo; su salud; su identificación con la visión de Pdvsa; su habilidad para liderar con el ejemplo, su capacidad para aplicar e irradiar los valores corporativos; su capacidad de solucionar problemas, comunicar y mantenerse técnicamente actualizado.

Movilización ascendente de un ejecutivo

La formación de un gerente petrolero es una tarea profesional que exige una considerable inversión de tiempo, dinero y circunstancias. No es posible un *quick fix*. Se gesta dentro de una cultura corporativa y aprovecha circunstancias especiales. Por eso en el Modelo Meritocrático la gran mayoría de nuevos empleos se establecen en la base de la pirámide organizacional. El ingreso de candidatos con experiencia es una excepción, pues su inserción a un nivel por arriba de la base generalmente produce inconvenientes internos, fomenta la pérdida de fe en el Modelo, atenta contra la equidad y distorsiona la planificación de carreras.

En la Industria Petrolera Venezolana la evaluación del empleado comenzaba con la entrevista pre empleo y terminaba únicamente en el momento de su jubilación. Privaba el criterio de que la evaluación del empleado era una labor cotidiana y continua que el supervisor inmediato tenía la responsabilidad de formalizar en blanco y negro y compartirla con el evaluado anualmente, permitiéndole a este participar en los planes de desarrollo que la empresa tenía para él. El Programa de Desarrollo de Personal establecía la necesidad de identificar durante los primeros cinco años de servicio aquellos empleados que tuvieran potencial para alcanzar altos niveles durante su carrera con la Corporación (identificación temprana). Sobrepasar este lapso podría acortar peligrosamente el tiempo necesario para desarrollar el máximo potencial de un candidato. Como se mencionó antes, el expediente personal de los candidatos que eran identificados como poseedores de alto potencial durante esta primera etapa de su carrera era traspasado al RYDE para que este comité participara en la administración de su carrera.

El modelo no tolera el atajo

La complejidad, diversidad y dispersión geográfica de las actividades de la industria petrolera y petroquímica imponían la necesidad de movilizar intensamente aquellos candidatos a ser desarrollados, para así dotarles de las experiencias necesarias para su crecimiento y ascenso. Un plan de desarrollo de un candidato con alto potencial generalmente incluía el desempeño de diversas posiciones dentro de su mismo departamento, asignaciones en funciones relacionadas, transferencias entre áreas geográficas, asignaciones en diferentes filiales y trabajo temporal en otras instituciones públicas y privadas.

Aparte de este demandante movimiento, el RYDE llegó a desarrollar y aplicar criterios en cuanto al mínimo y máximo tiempo que un candidato en desarrollo debía permanecer en una posición. Se estableció que el mínimo tiempo de una asignación debía ser aquel que permitiera que el ocupante de una posición permaneciera en ella hasta que se viera precisado a enfrentar las consecuencias de sus principales decisiones.

El máximo tiempo era aquel en el que el ocupante hubiese estado involucrado en las actividades cíclicas del cargo (por ejemplo, la preparación del presupuesto anual, ajustes presupuestarios, planificación de metas y objetivos). Dentro de estas exigencias era lógico estimar que la formación de un gerente funcional podía tomar entre 10 y 15 años, dependiendo de las competencias del candidato.

El modelo es exigente

En términos generales existieron en Pdvsa tres rutas principales de carrera ejecutiva: la carrera técnica (o especialista), la carrera administrativa (o generalista) y el *fast track*, pero sus fronteras no eran limitantes. El desarrollo de un candidato podía aconsejar, en cualquier momento, redireccionar su ascenso hacia cualquiera de las tres rutas.

Aun cuando la designación del presidente de Petróleos de Venezuela estaba reservada al Presidente de la República, razones pragmáticas aconsejaban que el desarrollo de todos los ejecutivos de la IPN apuntara a lograr candidatos que reunieran los atributos que exigía el desempeño sobresaliente de posiciones cercanas a ella. Esas atribuciones eran:

- Un conocimiento integral y profundo de un área clave del negocio (mínimo).
- Visión clara de sus metas y objetivos medulares.
- Conocimientos financieros.
- Calificaciones para dirigir su equipo ejecutivo.
- Habilidades comunicacionales.
- Excelente representación de la Corporación ante terceros.
- Sólidos valores personales y principios éticos.
- Integralmente comprometido con el negocio.
- Manejo de conflictos.
- Capacidad de negociación.
- Logros profesionales comprobados.
- Liderazgo visionario.
- Capacitado para construir una cultura corporativa relevante.
- Perspectiva internacional.
- Trabajo en equipo.

El modelo es eficaz
El Modelo Meritocrático permitió hasta el año 2002 que la Industria Petrolera Venezolana (IPN) lograra dotar con empleados competentes todas las posiciones ejecutivas de una industria compleja, dinámica y en crecimiento, mantener reemplazos identificados para cada una de esas posiciones, desarrollar un importante número de ejecutivos, motivar a su personal a enfocarse en el logro de metas corporativas preestablecidas mientras lograba satisfacer sus metas individuales, maximizar la retención de sus cuadros gerenciales en un país deficitario en materia gerencial. En síntesis, el Modelo Meritocrático cumplió

su objetivo de garantizar que la IPN contara, en todo momento, con la estructura y el personal de alta gerencia capaz de afrontar situaciones de severas contracciones y desafiantes expansiones de su mercado.

¿Cómo encaja Rafael Ramírez Carreño en este cuadro? Pues no encaja y nunca encajó. Su ingreso en la IPN no fue por méritos profesionales ni para desempeñar una posición vacante, sino por palanca política y para cumplir un propósito funesto. El tiempo que permaneció en la IPN no fue el suficiente para exponerse a las experiencias requeridas para, ni siquiera, una primera promoción. Los pocos cargos que desempeñó fueron de tercer o cuarto nivel y extraños a la cadena de valor de la industria.

En ningún momento fue considerado consistentemente sobresaliente como para merecer que su desarrollo personal pasara a la atención del Programa de Evaluación y Desarrollo Ejecutivo y del RYDE. Es decir, su nombre nunca pudo haber estado entre los candidatos a ocupar posiciones gerenciales o ejecutivas de la industria petrolera, ni tenía potencial para tal cosa.

CAPÍTULO 3

LA DESTRUCCIÓN DE ENAGAS

Víctor Poleo

Entre septiembre y octubre de 2000, Alí Rodríguez, a cargo del Ministerio de Energía y Minas (MEM) durante 1999-2000, convocó a una reunión para presentar a Rafael Ramírez Carreño como su designado para presidir el recién creado Ente Nacional del Gas (Enagas). Allí estuvimos Álvaro Silva Calderón, director general sectorial de Minas y conspicuo pontífice del Derecho de los Hidrocarburos; el sociólogo Bernardo Álvarez, director general sectorial de Hidrocarburos, diletante oportunista de una izquierda inculta, todos ellos duchos *ad nauseam* en las no realidades de las industrias y mercados de la energía; quien escribe, cuya caracterización queda al lector, fue director general sectorial de Electricidad de enero de 1999 a marzo de 2001; y algún reducido grupo de autoridades del MEM, entre ellos quizás un Joaquín Parra, abogado especializado en leyes de toda laya y *ad latere* de A. Silva.

Balbuceante y encogido, el designado Ramírez atinó a anunciarnos que ya tenía sus nuevas oficinas en algún selecto edificio de La Castellana/Altamira. Su titiritero Rodríguez también ocupaba recién nuevas oficinas en la Torre Inteligente (sic) de Pdvsa, lejos de las desvencijadas oficinas del MEM en Parque Central, pero cerca del corazón de Pdvsa. En esa misma industria había iniciado su carrera petrolera en 1961, volando oleoductos *imperialistas* en los campos petroleros de Oriente.

Cuarenta años más tarde, en 2002-2003, Rodríguez Araque culminaría su tarea destructora de la Industria Petrolera Nacional descapitalizándola de conocimientos y oficios centenarios. Su marioneta, Ramírez Carreño, se ocuparía de los tiros de gracia a Pdvsa (la azul). Escepticismo y decepción fue la percepción que suscitó tal personaje, ostensiblemente gris.

Cambiando lo cambiable en tiempo y circunstancias, esta primera impresión sobre Ramírez Carreño resulta simétrica a aquella que Robert Mabro, director del Oxford Institute for Energy Studies, tuvo sobre Bernard Mommer, otro infeliz personaje de la trama petrolera del siglo XXI: decepcionante como persona y frustrante como investigador.

En la primera Ley Habilitante del Socialismo XXI (serían cuatro las leyes habilitantes), el gas y la electricidad fueron temas a legislar por el MEM en 1999. En el congreso bicameral de entonces, AD y partidos del *establishment* rechazaron ceder la legislación del petróleo al Ejecutivo (es un asunto trascendente, alegaron). Pero el Ejecutivo la asaltaría en 2001 con la segunda habilitante, cuando ya estaba sancionada la Constitución del 99, reducida a unicameral la Asamblea Nacional (antes Congreso Nacional), y Miraflores asomaba sus ambiciones totalitarias del tipo "el Estado soy yo".

Ley del Gas de 1999

En 1999 las industrias del gas y de la electricidad funcionaban bien, muy lejos de la ruina en la cual hoy, 20 años más tarde, se encuentran. Ambos sectores ciertamente ameritaban cirugía institucional.

La deseable nueva institucionalidad del gas venía envuelta en conjeturas de razonable certeza: su desafiliación de la industria petrolera, para la cual el gas era considerado un subproducto extractivo de costo cero; la persistencia de un intolerable volumen de gas quemado en la atmósfera (flared), en ocasiones un 30% del volumen extraído; destrabar la asimétrica extracción entre el gas asociado (al petróleo, ca. 85+%) y el no asociado; el desarrollo de los yacimientos de gas libre costa afuera (Oriente y Falcón); el tratamiento jurídico-político de los yacimientos compartidos con Trinidad y Tobago; la emergencia del gas como energía dominante en los mercados mundiales de la energía, lo que fuera tesis de la British Petroleum en los años ochenta, con énfasis en el metanol como complemento/sustituto de las gasolinas de motor (y cuando todavía los carros eléctricos apenas presagiaban el reemplazo de las gasolinas); la creación de una Organización de Países Exportadores de Gas...

La Ley del Gas de octubre 1999 instituye el Ente Nacional del Gas (Enagas), encargado de regular la industria de este recurso. El nombramiento contra natura de Ramírez Carreño en la dirección de Enagas decretó su fracaso al nacer. Los retos a confrontar sobrepasaban en mucho su comprensión. A la par, las pobres credenciales profesionales de Ramírez Carreño desalentaron la conformación de un equipo profesional de buena factura.

Los ingenieros de gas Nelson Hernández y Diego González, expertos altamente calificados, contribuyeron con sus conocimientos a la formulación de la Ley del Gas, al diseño de la institucionalidad de Enagas y a la identificación de los mandatos de planificación del nuevo ente; otros ingenieros destacados fueron Alfredo Gómez H. y otro de Pdvsa-Gas cuyo nombre olvido. En oposición a ellos, Iván Orellana, de Pdvsa-Gas y socialista por imitación, se adhirió a la mediocre causa de Ramírez Carreño; luego sería gratificado como gobernador ante la OPEP y viceministro de hidrocarburos.

Los estatutos de Enagas del 30 de agosto de 2000 establecían las siguientes credenciales para el cargo de presidente de la institución: profesional universitario en ingeniería, economía... preferiblemente con especialización en áreas gerenciales, con altos estándares profesionales. Haberse desempeñado en forma destacada en actividades profesionales o académicas relacionadas con el sector energético. Conocimiento amplio del sector gas/energía. Experiencia mínima de (quince) 15 años en actividades relacionadas con la industria del gas, de los hidrocarburos en general, materias reguladoras o de prestación de servicios públicos.

Creemos que los ministros Rodríguez (1999-2000) y Silva Calderón (2001-junio de 2002), en complicidad interesada, eludieron aprobar los estatutos de Enagas, y por ello Ramírez Carreño nunca fue oficialmente nombrado su presidente. Salvo pruebas en contrario, no existe traza alguna de ese nombramiento en gacetas oficiales.

A la fecha de su designación por Alí Rodríguez, septiembre-octubre de 2000, Ramírez Carreño apenas tendría once (11) años de graduado (ingeniería mecánica en la ULA, 1989) y su escasa experiencia se reducía a difusas estadías en Intevep e Inelectra. Si se da por cierta su incompleta autobiografía, Ramírez Carreño fue un prodigio desde sus quince (15) años. Se trataría de un Mozart de la política tropical que seguramente ya leía *Das Kapital* en alemán, algo de lo que alardeaba su mentor Alí en sus tiempos. Asegura Ramírez Carreño en su C. V. digital que obtuvo una Maestría en Energía de la Universidad Central de Venezuela: de ello no existe acreditación alguna en la Secretaría de la Facultad de Ingeniería de la UCV. Tal Maestría está adscrita a la Escuela de Ingeniería Mecánica y sus profesores recuerdan al estudiante Ramírez Carreño inscrito apenas en un par de materias.

Según su autobiografía, escrita por su agencia mediática, en julio de 2002 Ramírez Carreño fue designado como titular del Ministerio de Energía y Minas por el presidente Hugo Chávez. En enero de 2005 este ministerio fue renombrado de Energía y Petróleo (¿acaso el petróleo no es una de las varias formas físicas de la energía?). El 20 de noviembre de 2004 Ramírez fue designado como presidente de la principal empresa pública nacional Petróleos de Venezuela, S. A. (Pdvsa), una posición que mantuvo hasta el 2 de septiembre de 2014.

Ramírez Carreño se convierte entonces en ministro de Energía (con competencias en petróleo, gas y electricidad) con solo trece (13) años de graduado, y dos (2) años más tarde es presidente de Pdvsa, con quince (15) años de experiencia profesional ninguna, transgrediendo groseramente los estatutos para la formación de jerarquías en la industria petrolera (al igual que H. Ciavaldini en 2000). Véase: Héctor Riquezes, "Parámetros meritocráticos de la industria petrolera nacional", junio de 2020.

Luego de sus dos primeros años como ministro de Energía (2002-2004), Ramírez Carreño cabalgó durante los siguientes diez como presidente de Pdvsa (2004-2014), y simultáneamente fue ministro de Energía. Personificó entonces una dualidad imposible: el yo-ministro logró fusionarse con el yo-presidente de Pdvsa durante una década. Tamaña escisión la resolvió con una generosa dosis de megalomanía.

Desde 2015 Ramírez Carreño se declaró mártir de la revolución, y así, autoengaños mediante, dividió la historia de las industrias de la energía bajo el socialismo del siglo XXI en dos partes: una exitosa, que fue su época (yo-farónico), y un fracasado después (yo-mártir). Un A. C., (antes de Carreño) y un D. C., (después de Carreño) cuyo eje es 2015, año de su destitución. Ahora, en presencia de un cambio político en Venezuela y disponiendo de dineros mal habidos, Ramírez Carreño se postula papable.

También era predecible que enriquecería (negativamente) el acervo intelectual de Enagas durante su etapa de paracaidista: 2000-junio 2002. Veamos cómo...

Sistema de precios del gas natural en el mercado interno

El segundo y último de mis encuentros con Ramírez Carreño, en algún mes del 4to. trimestre del 2000, esta vez en oficinas del MEM en Parque Central, ocurrió como sigue.

Un exultante Ramírez Carreño nos presentó una curiosa lámina: en el eje vertical estaban los precios del gas natural, seguramente en Bs/m3, y en el eje horizontal un horizonte de diez (10) años. Una impecable recta dictaba el crecimiento de los precios del gas natural con pendiente de 5 o 10 grados, poco importa; el hecho es que tan impecable recta despachaba acríticamente la formación de precios del gas natural en sus multimercados: termoelectricidad, gas natural vehicular, siderúrgica y petroquímica, gases licuados del petróleo, gas residencial y gas comercial. No correrían mejor suerte los acuerdos por precios internacionales del gas con ENI-Repsol en el campo Perla, al oeste de Falcón.

Años más tarde supimos el porqué de las habilidades del dibujante Ramírez. J. R., ex planificador edelquiano y entonces presidente de Inelectra, me confió que Ramírez alcanzó su tope profesional como jefe en una sala de dibujo de tuberías de gas. ¿Premonitorio?

Una recta un poquito más larga, de 7 mil km., sería el gasoducto Anaco-Buenos Aires, ese hilarante y ostentoso Gasoducto al Sur que dejaría boquiabierto al Fitzcarraldo de Herzog. Fue una de las muchas aventuras de Ramírez Carreño que resultó en el despilfarro de dineros petroleros, unos $250 millones para estudiar la factibilidad del proyecto, si bien recuerdo.

Cálculos *back of the envelope* no tardarían en reprocharle a Ramírez Carreño su insania: la economía y flexibilidad operacional privilegian una inversión en trenes de licuefacción de gas (a la manera de Trinidad y Tobago) y el transporte del gas en tanqueros-LNG al Río de La Plata. Al final del día ocurrió lo predecible, ni una molécula de gas (término del que abusa Ramírez Carreño) salió de ninguna parte a ninguna parte.

Planificación del sector eléctrico

Para los planificadores del sector eléctrico, entrenados en explorar los mercados de oferta-demanda en horizontes a 20+ años, la disponibilidad y suficiencia del gas termoeléctrico (su destino menos noble) nos resultaba crucial para diseñar la expansión de la generación termo-eléctrica, habida cuenta de que los dos últimos desarrollos hidroeléctricos en el Bajo Caroní habrían de concretarse en la primera década del siglo XXI: Caruachi (2.200 MW) en 2003 y Tocoma (2.200 MW) en 2008.

El Ramírez paracaidista de Enagas en nada pudo contribuir a los requerimientos de información del sector eléctrico, como tampoco contribuyó una cierta Gerencia Estratégica en Pdvsa, hecha de arrogancia y patanería *ad hoc*, hostil al MEM.

El Ramírez devenido en megalómano de 2002-2014 fue responsable del sector eléctrico hasta 2010. En poco menos de una década desfiguró el rostro de la industria eléctrica venezolana. Fue precisamente entonces cuando la planificación eléctrica se degradó hasta convertirse en una simple adquisición irresponsable de inútiles plantas termoeléctricas, sin que importase su ubicación, tamaño y combustibles, pero sí las sobrefacturaciones.

Free Market Petroleum, 2003

"La regalía podrá ser exigida por el Ejecutivo Nacional en especie (*sic*) o en dinero, total o parcialmente. Mientras no la exigiese de otra manera (¡?), se entendería que opta por recibirla totalmente y en dinero". Así reza el artículo 45, capítulo VI. Del régimen de regalías e impuestos, en la Ley de Hidrocarburos del 2001 (GO 38.736 del 12 de julio 2001). Desde el inicio el artículo presenta un mensaje tortuoso y, en la praxis petrolera del socialismo del siglo XXI, fácilmente se transmuta en un negocio turbio.

Veamos: el Ejecutivo-Ministerio-Ramírez congela 50 mil barriles/día (bd) de Mesa 30 en la Pdvsa-Rodríguez para entonces negociarlos con una empresa registrada en Delaware y fundada por un tal Jack Kemp, ex senador republicano. En principio, Free Market Petroleum vende los 50 mil bd a la Reserva Estratégica de los EE. UU., excepto cuando J. Kemp lo indique de otra manera.

Este equívoco predicamento legitima el comercio de petróleo por el Ministerio, el cual, se supone, tiene ya bastante con regular, fiscalizar, planificar, arbitrar y actuar en escenarios internacionales. Para nuestra sorpresa, este mismo artículo 45 de la Ley del 2001 es copia del artículo 41 de la Ley de Hidrocarburos promulgada el 13 de marzo del 43, en tiempos de Isaías Medina. También se repite en los borradores de una cierta Ley Orgánica de Hidrocarburos, ahora adelantada por los diputados L. Stefanelli y Elías Matta, de la Comisión de Energía de la AN.

Petición de principios: no existe mandato fundacional alguno que otorgue al Ejecutivo la propiedad de los recursos de hidrocarburos de la nación y, por ende, de sus regalías y rentas.

Con Bernardo Álvarez en la Embajada en Washington, Ramírez Carreño en el Ministerio y Alí Rodríguez en Pdvsa, Free Market Petroleum fue un chusco emprendimiento bolivariano para seducir al lobby republicano en busca de un encuentro entre el gran timonel y G. Bush Jr., encuentro prediciblemente fallido, como también fueron fallidas las comisiones del intermediario Arturo Sarmiento y, ¿por qué no?, las acordadas con el pranato del sector energía revolucionario[1].

Un completo incompetente

El Ramírez-paracaidista de Enagas 2000-2002 era entonces un cabeza hueca en temas del sector energía; su incompetencia fue agravada por supersticiones políticas familiares agitadas por los ambiciosos y viciosos curanderos de la Cuestión Energía en el MEM, encabezados por Alí Rodríguez Araque y otros notables en ese aquelarre del pensamiento petrolero de izquierda.

Si la deshonestidad y el empirismo nutrieron la nomenclatura revolucionaria del Sector Energía, ¿por qué no celebrar entonces la entronización de los generales Quevedo y Motta en petróleo y electricidad? Ramírez Carreño fue justamente el *primus inter pares*.

El caso orimulsión también deja en evidencia la incompetencia del personaje. El Ramírez-faraónico que medra en el MEM-Pdvsa del 2003-2005 es mutación agravada del Ramírez-paracaidista de Enagas 2000-2002. Si bien el gas y la orimulsión son distintas formas físicas de la energía, esta es una sola. Los mismos MWh hay en 450 metros cúbicos de gas quemados en un planta termoeléctrica como en 2,3 barriles de orimulsión. También es una sola la incompetencia del personaje, en cualquiera de sus versiones.

Arruinar la orimulsión fue el puente que cruzó Ramírez Carreño en su tránsito a la criminal destrucción de las industrias de la energía: gracias a él no hay gas ni orimulsión en la Venezuela del socialismo del siglo XXI.

---

1   Ver: https://venergia.org/tag/free-market-petroleum/

CAPÍTULO 4
LA DESTRUCCIÓN INSTITUCIONAL DE PDVSA Y DE LA INDUSTRIA PETROLERA VENEZOLANA*

Allan R. Brewer-Carías

La empresa Petróleos de Venezuela S. A., fue creada como la empresa matriz de la industria petrolera nacionalizada, con la forma de sociedad anónima y con el Estado como único accionista (es decir, como empresa del Estado), de conformidad con lo previsto en la Ley Orgánica que Reserva al Estado la Industria y el Comercio de los Hidrocarburos de 29 de agosto de 1975[1] (Ley de Nacionalización Petrolera).

El único objeto con el cual fue creada fue el de gestionar la industria petrolera nacionalizada, desarrollando su actividad con criterio empresarial, con autonomía respecto del Gobierno y con el fin económico específico de generar ganancias derivadas de su actividad, sin interferencia política, y hacer los aportes económicos al Estado fundamentalmente mediante el llamado impuesto de explotación y el impuesto sobre la renta.

Si bien desde el inicio se dispuso que su junta directiva sería designada por el Presidente de la República, la empresa se estableció también desde sus comienzos como una entidad descentralizada respecto de la Administración Central; sujeta a control de tutela accionarial pero con la autonomía necesaria para realizar sus actividades industriales y comerciales según las reglas del derecho privado.

Se le adjudicó capacidad para comprar y vender, demandar y ser demandada; también era responsable de sus propias finanzas, para lo cual debía ser administrada como una entidad económica separada, no sujeta a las prescripciones presupuestarias que rigen

---

*   Trabajo preparado para el *Libro homenaje a Jesús Caballero Ortiz*. Funeda, Caracas, 2021.

1   Ver *Gaceta Oficial* N.º 1769, del 29 de agosto de 1975.

para los órganos de la Administración Central; los miembros de su junta directiva y el resto de su personal tampoco estaban sujetos a las normas relativas a los empleados públicos, sino a la legislación laboral.

Así fue como se creó Pdvsa, como una empresa comercial cuyo fin era el de generar beneficios económicos empresariales, lo que explica que después de veinte años de operar con tal carácter, en 1994, era catalogada como la segunda mayor empresa petrolera del mundo[2], y la mayor empresa de cualquier sector de América Latina[3]. En ese tiempo, además de haber establecido una política de internacionalización del negocio petrolero, comenzaba a consolidar nuevas inversiones en Venezuela con participación de capital privado.

Esto fue llevado a cabo mediante convenios de asociaciones estratégicas suscritos con empresas extranjeras en el marco de la política de la Apertura Petrolera aprobada por el Congreso en ejecución de lo previsto en el artículo 5 de la Ley Orgánica de Nacionalización.

Esta situación duró hasta 2002, cuando, de acuerdo con la política definida por el entonces presidente Hugo Chávez, este designó como ministro de Energía y Minas a Rafael Ramírez, de escasa experiencia en el manejo empresarial. Entre otras funciones, este nombramiento tenía el objetivo de "tomar control total de Pdvsa", para lo cual resultaba "necesario aniquilar su autonomía técnica"[4], y así poder "despejar el camino para la politización de la industria petrolera nacional"[5].

---

2   Ver "Pdvsa. Segunda petrolera más grande del mundo. La empresa estatal Petróleos de Venezuela (Pdvsa) es la segunda corporación petrolera más importante del mundo, según la última clasificación de la publicación especializada *Petroleum Intelligence Weekly* (PIW)", en EFE, *El Tiempo*, Bogotá, 12 diciembre de 1994, disponible en: https://www.eltiempo.com/archivo/documento/MAM-263571

3   Ver José Toro Hardy, "Sobre la tragedia de la industria petrolera", en Allan R. Brewer-Carías, *Crónica de una destrucción. Concesión, Nacionalización, Apertura, Constitucionalización, Desnacionalización, Estatización, Entrega y degradación de la Industria Petrolera*, Universidad Monte Ávila, Editorial Jurídica Venezolana, Caracas, 2018, p. 20. Disponible en: http://allanbrewercarias.com/wp-content/uploads/2018/06/9789803654276-txt-Cr%C3%B3nica-destrucci%C3%B3n-ARBC-PAGINA-WEB.pdf

4   *Ibidem*, p. 52.

5   *Ibidem*, p. 68.

El mismo Chávez anunció esta meta en un mensaje ante la Asamblea Nacional, explicando cuán importante era para sus fines políticos "tomar el control de Pdvsa". Confesó que en 2002 había provocado la crisis de la industria con ese propósito[6], comenzando por despedir no solo a la plana ejecutiva de Pdvsa sino, en apenas unas horas, a 23 mil de sus empleados, entre ellos 12.371 profesionales, técnicos y supervisores[7].

Así se inició el proceso de destrucción institucional de Pdvsa y de la industria petrolera en el país. Con la designación de Rafael Ramírez como ministro de Energía y Minas, por parte de Hugo Chávez, la industria petrolera nacionalizada dejó de ser el negocio exitoso que fue, administrada sin injerencias del gobierno. Pdvsa fue transformada gradualmente en una especie de agencia del Ejecutivo, directamente controlada, que asumió específicamente sus políticas sociales y abandonó totalmente su antiguo carácter orientado hacia los negocios... al final quedó reducida a despojos.

Las bases para la adopción de esas decisiones habían comenzado a ser establecidas dos años antes, cuando Chávez, al iniciar su gobierno en febrero de 1999, designó a Alí Rodríguez Araque como ministro de Energía y Minas. Desde esa posición, y luego en 2002, desde la presidencia de Pdvsa, Rodríguez Araque dejaría sembrada la semilla de la destrucción de la industria y de la empresa, junto con la destrucción de la propia política de la Apertura Petrolera, que había sido tan exitosa.

Así, soterradamente, en el seno del Gobierno, Alí Rodríguez comenzó a hacer todo lo que no pudo lograr en el Congreso los dos períodos constitucionales anteriores, en particular en 1993. Entonces era diputado y se opuso a la aprobación parlamentaria de la política de la Apertura Petrolera y de las condiciones para las celebración de los Convenios de Asociaciones Estratégicas con empresas petroleras extranjeras para la explotación de la Faja Petrolífera del Orinoco. No lo logró como impugnante que fue, ante la Corte Suprema de Justicia, del Acuerdo del Congreso de

---

6 *Ídem.*

7 *Ibidem,* p. 37.

1994, mediante el cual se fijaron las condiciones y se autorizó la celebración de los Convenios de Asociación, pues la demanda fue declarada sin lugar y rechazada por la Corte Suprema en septiembre de 1999[8].

Esa muy importante decisión se dictó cuando Rodríguez estaba en ejercicio del cargo de ministro de Energía y Minas, que ocupó hasta el año 2000, cuando fue nombrado Secretario General de la OPEP. Dos años más tarde, en 2002, fue nombrado presidente de Pdvsa, para, junto con Rafael Ramírez, nombrado en su sustitución como nuevo ministro de Energía y Minas, convertirse en los instrumentos del Gobierno para asegurarse la toma directa de control de Pdvsa y de toda la industria petrolera... y terminar destruyéndolas.

Con ese objetivo, a partir de 2004 y durante todo el gobierno de Chávez, se estableció una perniciosa fusión que continuó durante el gobierno de Nicolás Maduro hasta 2019. Mediante esta maniobra, el ministro del Petróleo, miembro del Gabinete Ejecutivo Nacional encargado de ejercer el control de tutela sobre Pdvsa, comenzó a ejercer simultáneamente el cargo de presidente de la Junta Directiva de Pdvsa, el órgano controlado por el ministro. De ese modo la empresa fue convertida, de facto, en un ente dependiente del gobierno central, de modo que el ministro se controlaba a sí mismo en tanto presidente de la empresa.

Este proceso implicó, progresivamente, que los activos de Pdvsa comenzaron a ser usados por el Gobierno como si se tratase de recursos propios; se ignoraba así su condición de empresa del Estado. Con ese propósito se comenzó con la reforma de los

---

8   A mí me correspondió, junto con el Dr. Román José Duque Corredor, defender la constitucionalidad y legalidad de los actos parlamentarios relativos a la Apertura Petrolera en ese juicio ante la Corte Suprema, en representación de Pdvsa, contra la impugnación de Alí Rodríguez y otros. Véase el texto de la sentencia y todos los documentos del juicio en Allan R. Brewer-Carías, *Crónica de una destrucción. Concesión, Nacionalización, Apertura, Constitucionalización, Desnacionalización, Estatización, Entrega y Degradación de la Industria Petrolera*, con Notas a manera de presentación de: José Toro Hardy, Francisco Monaldi, Eddie Ramírez, José Ignacio Hernández, Henry Jiménez Guanipa, Enrique Viloria Vera y Luis Giusti; y un Apéndice con los documentos del Caso del Juicio de nulidad de la autorización parlamentaria para los contratos de la "Apertura Petrolera" (1996-1999), Colección Centro de Estudios de Regulación Económica-Universidad Monte Ávila, N.º 3, Universidad Monte Ávila, Editorial Jurídica Venezolana, Caracas, 2018. Disponible en: http://allanbrewercarias.com/wp-content/uploads/2018/06/9789803654276-t xt-Cr%C3%B3nica-destrucci%C3%B3n-ARBC-PAGINA-WEB.pdf

estatutos de la empresa para, primero, establecer un mecanismo de injerencia del ministro en la gestión de esta y, segundo, permitir la designación de un ministro del Gabinete Ejecutivo como presidente de su junta directiva. Se despojaba así a Pdvsa de su independencia, y se aseguraba un férreo control político del Gobierno sobre ella, similar al que este ejerce sobre los órganos de la Administración Pública Central.

La compañía fue sometida a la obtención de aprobaciones del Ejecutivo Nacional para las decisiones comerciales ordinarias; fueron desviadas sus actividades del sector petrolero hacia la ejecución de políticas sociales, actuando directamente a nombre del Ejecutivo Nacional. Tal como lo explicó Eddie Ramírez: "Hasta 2002, Pdvsa y sus filiales fueron administradas de manera eficiente como un negocio", y luego "pasó de ser una empresa que estaba en el negocio de los hidrocarburos y que ejecutaba programas de responsabilidad social, a una empresa cuya misión es social, que tiene actividades relacionadas con los hidrocarburos".[9]

El origen de Pdvsa como entidad descentralizada del Estado

Tal como se estableció expresamente en el Informe para la Nacionalización de la Industria Petrolera, considerado por el Congreso venezolano en 1975 y redactado por la Comisión Presidencial de la Reversión Petrolera de 1974, Pdvsa fue creada para asumir la administración de la industria petrolera, una vez nacionalizada, como "una entidad independiente distinta de la Administración Pública [Central], sujeta a las directrices insertadas por el Estado contenidas en el Plan de la Nación".

El informe insistió en que la intención era la de "mantener a la Administración Petrolera Nacional al margen de las normas y prácticas burocráticas concebidas fundamentalmente para organismos públicos y no para entidades modernas y complejas dedicadas a la producción a gran escala para realizar transacciones cuantiosas y frecuentes". De hecho, la Administración Petrolera

---

9   *Ibidem*, pp. 38, 41.

Nacional se concibió como "una organización integrada verticalmente, multiempresarial y dirigida por una casa matriz de propiedad exclusiva y única del Estado", con sociedades que fueran "aptas para actuar con entera eficiencia en el campo mercantil", actuando con "autosuficiencia y capacidad para la renovación de sus cuadros gerenciales".[10]

Fue de acuerdo con estas recomendaciones que –el 29 de agosto de 1975– el Congreso promulgó la Ley Orgánica que reserva al Estado la industria y el comercio de los hidrocarburos[11]. Su artículo 5 dispuso, en relación con las actividades reservadas (desarrolladas hasta ese momento por empresas extranjeras privadas concesionarias), que deberían ser realizadas "directamente por el Ejecutivo Nacional o a través de entidades de su propiedad". A tal fin, el artículo 6 de dicha ley dispuso que el Ejecutivo Nacional crearía "con las formas jurídicas que considere conveniente, las empresas que juzgue necesario para el desarrollo regular y eficiente" de las actividades reservadas. Esta disposición también autorizó al Ejecutivo Nacional a "atribuir a una de las empresas las funciones de coordinación, supervisión y control de las actividades de las demás, pudiendo asignarle la propiedad de las acciones de cualquiera de estas empresas".

El artículo 7 dispuso que dichas empresas "se regirán por la Ley Orgánica y sus reglamentos, por sus propios estatutos, por las disposiciones que dicte el Ejecutivo Nacional y por las del derecho común que les fueren aplicables". Es decir, las empresas del Estado deberían regirse preponderantemente por el derecho privado, aunque no en forma exclusiva porque, al ser propiedad del Estado, también están siempre sujetas al derecho público[12].

---

10   Ver referencias al Informe en Allan R. Brewer-Carías, "Consideraciones sobre el régimen jurídico-administrativo de Petróleos de Venezuela S. A"., en *Revista de Hacienda*, N.º 67, año XV, Ministerio de Hacienda, Caracas, 1977, p. 80. Disponible en: http://allanbrewercarias.net/Content/449725d9-f1cb-474b-8ab2-41efb849fea8/Content/II.4.107.%20CONSID.REG.JUR.ADMIN.PETROLEOS%20VZLA%201977.pdf

11   Ver *Gaceta Oficial* N.º 1.769 del 29 de agosto de 1975.

12   Ver Allan R. Brewer-Carías, en *Revista de Hacienda, op. cit.*, pp. 83-84.
      En este sentido, la Sala Constitucional del Tribunal Supremo, en su decisión N.º 464 del 3 de marzo de 2002, definió a las empresas propiedad del Estado, como Pdvsa, como "personas estatales con forma jurídica de derecho privado", lo que implica, como consecuencia,

En consecuencia, el día siguiente a la promulgación de dicha Ley Orgánica de Nacionalización, el Presidente de la República emitió el Decreto N.º 1123 del 30 de agosto de 1975[13], mediante el cual se creó "una empresa estatal, bajo la forma de sociedad anónima, que cumplirá la política que dicte en materia de hidrocarburos el Ejecutivo Nacional, por órgano del Ministerio de Minas e Hidrocarburos..." (Art. 1)[14]. En 1985 lo explicamos de este modo:

> la intención del Legislador fue estructurar a la Administración Petrolera Nacionalizada a través de empresas del Estado (entes o personas estatales), con forma de sociedad mercantil y, por tanto, con un régimen mixto de derecho público y de derecho privado...[15].

Ese mismo año escribimos lo siguiente:

> Petróleos de Venezuela, S. A., por tanto, es una "empresa estatal", o empresa del Estado, de propiedad íntegra del mismo y que responde a las políticas que aquél dicte, y, como tal, está integrada dentro de la organización general de la Administración del Estado, como ente de la administración descentralizada, pero con forma de sociedad anónima, es decir, como persona de derecho privado[16].

"que el régimen jurídico aplicable a las mismas sea un régimen mixto, tanto de derecho público como de derecho privado, aun cuando sea preponderantemente de derecho privado" (...), porque "su íntima relación con el Estado las somete a las reglas obligatorias de derecho público dictadas para la mejor organización, funcionamiento y control (...) de la Administración Pública, por parte de los órganos que se integran a ésta o coadyuvan al logro de sus cometidos" (Caso: Interpretación del Decreto de la Asamblea Nacional Constituyente de fecha 30 de enero de 2000, mediante el cual se suspende por 3 días la negociación de la Convención Colectiva del Trabajo), en *Revista de Derecho Público*, N.º 89-92, Editorial Jurídica Venezolana, Caracas 2000, pp. 218, 219. Disponible en: http://allanbrewercarias.com/wp-content/uploads/2007/08/2002-REVISTA-89-90-91-92.pdf.

13   *Ídem* (Se cita la *Gaceta Oficial* N.º 1.770 del 30 de agosto de 1975).

14   Por esto fue que la Sala Constitucional del Tribunal Supremo ha explicado que Pdvsa y sus filiales son empresas propiedad del Estado bajo la forma de derecho público. Ver *Revista de Derecho Público*, N.º 89-92, pp. 218, 219, citada en la nota 12.

15   Ver Allan R. Brewer-Carías, "El carácter de Petróleos de Venezuela, S. A., como instrumento del Estado en la industria petrolera", en *Revista de Derecho Público*, N.º 23, julio-septiembre 1985, Editorial Jurídica Venezolana, Caracas 1985, pp. 77, 80. Disponible en: http://allanbrewercarias.com/wp-content/uploads/2007/08/rdpub_1985_23.pdf.

16   Allan R. Brewer-Carías, *Ibídem.*, p. 81. Por lo tanto, de conformidad con la Constitución de Venezuela y los estatutos correspondientes, Pdvsa y sus filiales, como también se afirmó en la Decisión N.º 464 de la Sala Constitucional del Tribunal Supremo de Justicia (Ver

En Venezuela la Administración Pública está integrada por la "Administración Pública Central" y por la "Administración Pública Descentralizada". Según la Constitución de Venezuela (artículo 242) y la Ley Orgánica de la Administración Pública (artículos 59-61), la Administración Pública Central, dirigida por el Ejecutivo Nacional, está integrada por los órganos del gobierno en sí, tales como los distintos ministerios[17]. La Administración Pública Descentralizada, por otra parte, está integrada por entidades como las corporaciones públicas y las empresas comerciales propiedad del Estado, como Pdvsa y sus filiales, que no son parte del Gobierno en sí, aun cuando deban estar adscritas al respectivo Ministerio del Gobierno[18].

Fue por eso que la Sala Constitucional del Tribunal Supremo, al referirse al régimen aplicable a Pdvsa y sus empresas filiales, explicó que "les permite diferenciarse claramente, no solo de la Administración Pública centralizada y de los institutos autónomos, sino también de otras empresas propiedad del Estado".[19]

En todo caso, al igual que todas las empresas estatales, Pdvsa y sus empresas filiales están sujetas a normas de derecho público. Por ejemplo, además de las disposiciones de la Ley Orgánica de la Administración Pública, a las disposiciones de la Ley de Contrataciones Públicas (artículo 3)[20] y la Ley Orgánica de la Procuraduría General (artículo 9)[21]. Además, como ente descentralizado de la Administración Pública Nacional está, desde luego, sujeta a todas las regulaciones y principios relativos

---

nota 12), son parte de la Administración Pública Nacional: "aunque [Pdvsa] es una compañía constituida y organizada en la forma de sociedad anónima, está fuera de dudas, y así lo reafirma la Constitución de la República Bolivariana de Venezuela, que la misma se encuentra enmarcada en la estructura general de la Administración Pública Nacional...".

17   Ver artículos 160, 174, 236.20 de la Constitución; ver también Allan R. Brewer-Carías, *Derecho Administrativo en Venezuela*, Editorial Jurídica Venezolana, segunda edición, 2015, p. 52. Disponible en: http://allanbrewercarias.com/wp-content/uploads/ 2013/08/ 9789803651992-txt.pdf

18   Ver artículos 142 y 300.

19   Ver *Revista de Derecho Público*, N.º 89-92, pp. 218, 219, citada en la nota 12.

20   Ver *Gaceta Oficial* N.º 6.154 Extraordinaria del 19 de noviembre de 2014. Disponible en: http://www.mindefensa.gob.ve/COMISION/wp-content/uploads/2017/03/LCP.pdf.

21   Ver *Gaceta Oficial* N.º 37.347 del 17 de diciembre de 2001. Disponible en: http://www.oas. org/juridico/spanish/mesicic3_ven_anexo23.pdf

al funcionamiento de la Administración Pública incluidos en la Ley Orgánica (en particular, el Título II. Principios y bases del funcionamiento y organización de la Administración Pública: artículos 3-28, 33-43), así como en otras leyes relativas a los órganos y entes de la Administración Pública, como la Ley Orgánica de Procedimientos Administrativos, la Ley Orgánica de Bienes Públicos (artículo 4)[22], y la Ley Orgánica de la Administración Financiera del Sector Público (artículo 6)[23].

Las empresas estatales también son parte del "Sector Público", según lo define el artículo 5 de la Ley Orgánica de la Administración Financiera del Sector Público, que específicamente comprende:

> 8. Las sociedades mercantiles en las cuales la República o las demás personas a que se refiere el presente artículo tengan participación igual o mayor al cincuenta por ciento del capital social. Quedarán comprendidas, además, las sociedades de propiedad totalmente estatal, cuya función, a través de la posesión de acciones de otras sociedades, sea la de coordinar la gestión empresarial púbica de un sector de la economía nacional (...)[24].

Adicionalmente, y de acuerdo con el sentido de las disposiciones de la Ley Orgánica de Nacionalización de 1975, Pdvsa fue constitucionalizada en el artículo 303 de la Constitución de 1999, el cual le asigna directamente lo que ya tenía: "la gestión de la industria petrolera". Según el artículo 2 de sus estatutos, Pdvsa, de hecho, fue creada desde 1975 para cumplir su función corporativa de establecer la política nacional en materia de hidrocarburos, es decir, para generar beneficios como empresa comercial en dicho sector. Tal era la "política nacional que debía implementarse".

Por lo tanto, no es correcto decir que "Pdvsa fue creada mediante decreto presidencial, no para generar ganancias, sino como

---

22   Ver *Gaceta Oficial* N.º 39.952 del 26 de junio de 2012.

23   Artículo 5. Ver *Gaceta Oficial* N.º 6.210 Extraordinaria del diciembre de 2015. Disponible en: http://historico.tsj.gob.ve/gaceta_ext/diciembre/30122015/E-30122015-4475.pdf#page=1

24   Ver *Gaceta Oficial*. N.º 6.210 Extraordinaria, del 30 de diciembre de 2015. Disponible en: http://www.bod.com.ve/media/97487/GACETA-OFICIAL-EXTRAORDINARIA-6210.pdf.

una compañía nacional para implementar la política nacional en materia de hidrocarburos", como se afirmó en el caso ante la Corte Distrital de los Estados Unidos de Delaware (Crystallex International Corporation vs. República Bolivariana de Venezuela del 9 de agosto de 2018), aceptando el planteamiento de Crystallex (p. 402). Por el contrario, bajo la Ley de Nacionalización y el decreto de su creación, Pdvsa debía generar ganancias, y esa era la "política nacional que debía implementarse"[25].

A pesar de las disposiciones de derecho público que regulan a Pdvsa, el hecho es que esta empresa, según lo antedicho, fue constituida como una compañía de derecho privado, inscrita en el Registro Mercantil de acuerdo con las normas del Código Mercantil y disponiendo sus estatutos que los miembros de su junta directiva, aun cuando fueran designados por el Presidente de la República, debían desempeñar sus funciones a tiempo completo (artículo 20), sin tener la condición de empleados públicos, por lo que estarían sujetos a la Ley del Trabajo.

Esto implicó que ningún ministro, integrante del Ejecutivo Nacional, ni ningún otro funcionario público podía ser designado como miembro de la Junta Directiva de Pdvsa. Por el contrario, el ministro de Energía y Petróleo solo sería un miembro de la Asamblea de Accionistas de la compañía (artículos 7 y 11), sin tener ninguna participación directa en su administración y mucho menos algún control en las operaciones diarias de la empresa. En particular, el artículo 29 de los estatutos de Pdvsa dispuso lo siguiente:

Cláusula Vigésima Novena. No podrán ser miembros de la Junta Directiva de la sociedad durante el ejercicio de sus cargos, los Ministros del Despacho, los miembros del Tribunal Supremo de Justicia, el Procurador General de la República y los Gobernadores de los Estados y del Distrito Federal. Tampoco podrán ser miembros de la Junta Directiva de la sociedad las personas que tengan con

25   Ver, por ejemplo, los estatutos de Pdvsa, reformados por el Decreto N.º 2.184, *Gaceta Oficial N.º 37.588* (10 de diciembre de 2002).

el Presidente de la República o con el Ministro de Energía y Minas
parentesco hasta el cuarto grado de consanguinidad o segundo de
afinidad[26].

Esa efectiva separación de Pdvsa respecto de la Administración
Pública centralizada que existió al crearse la empresa, y que fue ce-
losamente preservada por todos los gobiernos democráticos por
más de 25 años, fue el factor clave que contribuyó a su desarrollo
como empresa comercial, administrada independientemente de
cualquier control o interferencia política. Esto permitió cumplir su
propósito de generar ganancias como ente estatal que gestionaba
la industria petrolera, haciendo aportes al Estado únicamente a
través del sistema de impuesto sobre la renta.

Esta fue la condición de Pdvsa hasta 2002, cuando lamenta-
blemente toda esta separación comenzó a cambiarse luego de
que el entonces presidente Hugo Chávez designara en 1999 a Alí
Rodríguez Araque como ministro de Energía y Minas, y luego en
2002 como presidente de Pdvsa; y además, en el mismo año 2002
designara a Rafael Ramírez como ministro de Energía y Minas.

Con ello Chávez buscó asegurar definitivamente la intervención política de Pdvsa[27], y crear la llamada "nueva Pdvsa", totalmente controlada por el Gobierno y al servicio de la "revolución
venezolana"[28]. Con esa mira, además, Chávez decidió proceder a
la entrega incontrolada de petróleo a Cuba.

Primer paso: el convenio de cooperación con Cuba

Apenas fue elegido como Presidente de la República después
de la entrada en vigencia de la Constitución de 1999, y ya con
Alí Rodríguez Araque como ministro de Energía y Minas, Hugo
Chávez firmó en Caracas, el 30 de octubre de 2000, un Convenio
Integral de Cooperación con el "Comandante en Jefe Fidel Castro",

---

26   Ver nota 25.

27   Ver *Gaceta Oficial* N.º 37.486, del 17 de julio de 2002.

28   Ver "La nueva Pdvsa es la institución de la revolución venezolana", noviembre de 2006.
      Disponible en: http://www.pdvsa.com/index.php?option=com_content&view=article&id
      =1845:3184&catid=10&Itemid=589&lang=es

Presidente de la República de Cuba, con el "interés común por promover y fomentar el progreso de sus respectivas economías".

Ambas partes se comprometieron "a elaborar de común acuerdo, programas y proyectos de cooperación". Para su ejecución se debía considerar "la participación de organismos y entidades de los sectores públicos y privados de ambos países y, cuando sea necesario, de las universidades, organismos de investigación y de organizaciones no gubernamentales" (art. 1).

Dicho convenio[29] no solo no fue nunca publicado en *Gaceta Oficial* de la República de Venezuela, sino que, violando la Constitución, nunca fue sometido a la aprobación por parte de la Asamblea Nacional, como lo exigía el artículo 151 de la Constitución recién sancionada. Por ello, en 2001, el conocido experto petrolero Leonardo Montiel Ortega formuló una petición ante la Fiscalía General de la República, requiriendo la "revisión de la vigencia" del Convenio Integral de Cooperación, precisamente porque no había sido sometido a la aprobación de la Asamblea Nacional.

Sin embargo, la Consultoría Jurídica del Ministerio Público, mediante memorándum de 7 de octubre de 2000[30], argumentó que la obligación de someter los tratados celebrados por la República a la aprobación por la Asamblea Nacional antes de su ratificación por el Presidente de la República, conforme al artículo 154, estaba exceptuada respecto de aquellos tratados mediante los cuales "se trate de ejecutar o perfeccionar obligaciones preexistentes de la República".

Con base en ello, dicho consultor jurídico "inventó" por su cuenta –ya que el texto del Convenio Integral de Cooperación de 2000 nada dice al respecto– que este

tiene como antecedente el Convenio Básico de Cooperación Técnica suscrito entre ambos gobiernos, el 6 de noviembre de 1992, publicado

---

29   Ver en http://www.embajadacuba.com.ve/cuba-venezuela/convenio-colaboracion/; y en: http://www.cubadebate.cu/especiales/2010/11/07/convenio-integral-de-coopera-cion-ve-nezuela-cuba/#.Wtysb61DnMU.

30   Ver Memorándum: Ministerio Público MP N.º DCJ-11-20-785-2001 Fecha: 20010710, en http://catalogo.mp.gob.ve/min-publico/doctrina/bases/doc-tri/texto/2001/350-2001.pdf.

en *Gaceta Oficial* 4.506 Extraordinario del 23 de diciembre de 1992, en vigor a partir del 26 de marzo de 1993.

El consultor jurídico indicó que este convenio:

contempla como objetivo, promover el desarrollo recíproco de la cooperación técnica entre las Partes, a través de la formulación de programas y proyectos específicos en áreas y sectores de interés mutuo, relacionados con el desarrollo económico y social de ambos países (art. 1).

Agregó además que el artículo 2 de aquel convenio de 1992,

establece que la cooperación técnica, podría comprender la realización conjunta o coordinada de programas de investigación, desarrollo y capacitación; la organización de seminarios, conferencias y cursos de postgrado; el intercambio de información, documentación y publicaciones técnicas y científicas; así como otro tipo de cooperación técnica y científica acordada entre las partes.

El artículo 3 del convenio del 92 disponía que las partes podrían hacer uso de diferentes medios para ejecutar las formas de cooperación, entre los cuales estaba

el intercambio de investigadores y personal especializado para la prestación de servicios de consultoría y asesoramiento dentro de proyectos específicos y de adiestramiento; el envío o intercambio de equipos y materiales para la ejecución de programas o proyectos de cooperación técnica y; como otro medio acordado por las partes.

Era claro y evidente, en todo caso, que se trataba de cooperación técnica y científica, y que por supuesto no podía sustentar un convenio en el cual la República se comprometiera, por ejemplo, a vender petróleo a determinados precios, como fue precisamente una de las obligaciones que asumió Venezuela en el Convenio de Cooperación de 2000.

Sin embargo, el Consultor Jurídico del Ministerio Público afirmó falsamente que lo que se hizo con el Convenio Integral de Cooperación suscrito con la República de Cuba el 30 de octubre de 2000, fue desarrollar los "objetivos" de aquel convenio de 1992, que sí había sido publicado en *Gaceta Oficial*, concluyendo que era posible afirmar:

> que el Convenio Integral de Cooperación con la República de Cuba no requería aprobación por parte de la Asamblea Nacional, ya que mediante el mismo se ejecutan o perfeccionan las obligaciones contraídas por los Gobiernos de Venezuela y Cuba en el Convenio Básico de Cooperación Técnica de 1992.

Para ello, el consultor jurídico se basó en la afirmación de Fermín Toro (*Manual de Derecho Internacional Público*), que no es aplicable al caso, de que "Es innecesario aprobar dos veces una misma obligación u obligaciones que versen sobre lo mismo y se complementan. En otras palabras, la aprobación no es requerida porque ya ha sido concedida con anterioridad". Lo cual evidentemente es falaz porque lo que se aprobó en 1992 no es lo mismo que lo que se contrató en 2000[31].

El Convenio Integral de Cooperación suscrito entre la República Bolivariana de Venezuela y la República de Cuba, contrariamente a lo afirmado por el consultor jurídico del Ministerio Público, no cumplió con los requisitos consagrados en el ordenamiento jurídico, pudiendo considerárselo inconstitucional[32]. A pesar de eso, el Convenio Integral de Cooperación ha estado en aplicación desde 2000. Allí se contempla, por una parte, que

> la República de Cuba prestará los servicios y suministrará las tecnologías y productos que estén a su alcance para apoyar el amplio programa de desarrollo económico y social de la República Bolivariana de Venezuela, de los cuales esta no disponga y previa solicitud de

---

31   Ver el texto en el Informe FGR, 2001, T. III., pp. 125-128.

32   *Ídem.*

acuerdo con el listado contenido en el Anexo I, que se entenderá como parte integrante de este convenio[33].

Ese listado abarcaba: "1. Agroindustria Azucarera y sus derivados; 2. Turismo; 3. Agricultura y Alimentación; 4. Venta de Productos; 5. Productos para Plagas; 6. Venta de otros productos seleccionados; 7. Transporte; 8. Educación; 9. Deportes; 10. Servicios de Salud y Formación de Personal en Cuba". Se previó también que

los bienes y servicios serán definidos cada año, según el acuerdo de ambas partes, precisando el monto monetario, las especificaciones, regulaciones y modalidades en que serán entregados. Estos bienes y servicios serán pagados por la República Bolivariana de Venezuela, en el valor equivalente a precio de mercado mundial, en petróleo y sus derivados (art. 2).

Por la otra parte, conforme al artículo 3 del Convenio, la República Bolivariana de Venezuela se comprometió

...a proveer a la República de Cuba a solicitud de ésta y como parte de este Convenio Integral de Cooperación, bienes y servicios que comprenden asistencia y asesorías técnicas provenientes de entes públicos y privados, así como el suministro de crudos y derivados de petróleo, hasta por un total de cincuenta y tres mil (53.000) barriles diarios. Estos volúmenes serán presentados en un programa de nominaciones, de carácter trimestral y anualizado por las empresas Cupet y Cubametales a Pdvsa en las cantidades y condiciones que se establecerán anualmente entre Las Partes, tomando como referencia las bases del Acuerdo Energético de Cooperación de Caracas.

---

33   El listado comprende una extensa gama de actividades; puede consultarse en la publicación del Convenio hecha por la Organización de Estados Americanos, en https://www.oas.org/juridico/mla/private/rexcor/rexcor_resp_ven9.pdf.

En este caso, los precios debían ser "determinados por el mercado con base en las fórmulas aplicables" y las ventas debían ser "sobre las bases de un esquema de financiamiento mixto de corto y largo plazo, utilizándose las escalas aplicables al Acuerdo Energético de Caracas" (art. 3).

Por su parte, conforme al artículo 4 del Convenio, la República de Cuba ofreció

gratuitamente a la República Bolivariana de Venezuela los servicios médicos, especialistas y técnicos de la salud para prestar servicios en lugares donde no se disponga de ese personal. Los médicos especialistas y técnicos cubanos en la prestación de sus servicios en la República Bolivariana de Venezuela ofrecerán gratuitamente entrenamiento al personal venezolano de diversos niveles que las autoridades soliciten.

Sin embargo, se previó que "la parte venezolana cubrirá los gastos de alojamiento, alimentación, transportación interna", garantizando el gobierno de Cuba "a todos los galenos y demás técnicos sus salarios y la atención adecuada a los respectivos familiares en la Isla.

El Convenio Integral de Cooperación se ha desarrollado a través de múltiples contratos de interés nacional[34], los cuales tampoco nunca fueron sometidos a la aprobación por parte de la Asamblea Nacional, todo ello en violación de lo que exige el artículo 150 de la Constitución.

En definitiva, como consecuencia de estos convenios, Venezuela aceptó, entre otras cosas, dejarse invadir por personas y funcionarios cubanos, y entregar al Estado cubano el control de muchas

---

34   Ver, por ejemplo, el convenio de prestación de servicios tecnológicos integrales para la transformación y modernización del sistema de identificación, migración y extranjería suscrito entre la república de Venezuela y entre otros la Sociedad Mercantil Albert Ingeniería y Sistema, constituida en La Habana, y por el cual Venezuela pagó más de 172 millones de dólares. Ver el texto en http://www.elnuevo-herald.com/ultimas-noticias/article1553516.ece/BINARY/EXCLUSIVO:%20Contrato%20confiden-cial%20entre%20Cuba%20y%20Venezuela%20para%20transformaci%C3%B3n%20del%20sistema%20de%20identificaci%C3%B3n.

áreas y servicios de la administración del Estado venezolano, para lo cual además pagó en petróleo, con consecuencias catastróficas como las que se han conocido recientemente: la propia pérdida de la inversión venezolana en la refinería ubicada en Cienfuegos, que por deudas pasó a ser adquirida totalmente por Cuba, y la compra por parte del Estado Venezolano de petróleo en el mercado internacional para ser enviado a Cuba, cuando en el país no solo disminuyó la producción sino que hay déficit en el abastecimiento interno.

Ambas situaciones fueron reseñadas por la prensa internacional, por lo que para darse cuenta de ello, ante el secreto que en el país ha habido en todo lo referente al Convenio Integral, basta con recurrir a lo divulgado en las noticias internacionales.

En cuanto a la Refinería Camilo Cienfuegos, se trataba de una empresa mixta constituida en abril de 2006 entre la empresa cubana Cuvenpetrol S. A. y Pdvsa, en el marco de la Alianza Bolivariana para los Pueblos de Nuestra América (ALBA), en la cual Pdvsa tenía el 49% de las acciones. Sin embargo, ese porcentaje accionario, según anunció el diario *Granma*, citado por Reuters, lo perdió Pdvsa desde agosto de 2017, de manera que la refinería pasó a operar como entidad estatal plenamente cubana, bajo la égida de Unión Cuba Petróleo (Cupet), para "saldar deudas ante el incumplimiento de compromisos por parte de Venezuela" con Cuba por "servicios profesionales" no pagados que habría recibido y por el "alquiler de tanqueros".[35]

En cuanto a la compra de petróleo en el mercado internacional por Pdvsa para ser enviado a Cuba, según se reportó en la prensa internacional, entre 2017 y los primeros meses de 2018 Pdvsa compró "cerca de 440 millones de dólares en crudo extranjero y lo ha enviado directamente a Cuba en condiciones flexibles de crédito,

35   Ver las reseñas de Sarah Marsh y Marianna Párraga, "Cuba takes over Venezuela stake in refinery joint venture," en *Reuters*, 14 de diciembre de 2017, en https://www.reuters.com/article/cuba-venezuela/cuba-takes-over-venezuela-stake-in-refinery-joint-venture-idUSL8N1OE79H; y de Sabrina Martín, "Cuba le arrebata a Venezuela refinería de Pdvsa tras impago de servicios prestados," en *PanAmPost*, 15 de diciembre de 2017, en https://es.panampost.com/sabrina-martin/2017/12/15/cuba-arrebata-vzla-refineria-pdvsa/amp/?__twitter_impression=true

que a menudo implicaron pérdidas, según documentos internos de la empresa a los que Reuters tuvo acceso". El reportaje explicó que

> Los envíos constituyen la primera evidencia documentada de que el país miembro de la OPEP adquiere crudo para abastecer a sus aliados regionales en lugar de venderles petróleo de sus propias reservas. Venezuela realizó las entregas con descuentos, que no se habían informado anteriormente, pese a su gran necesidad de divisas para sostener su economía e importar alimentos y medicinas en medio de una escasez generalizada.
>
> Las compras de petróleo en el mercado abierto para subsidiar a Cuba, uno de los pocos aliados políticos que le quedan a Venezuela, revelan el profundo deterioro de su sector energético bajo el gobierno del presidente Nicolás Maduro.
>
> Las compras se produjeron luego de que la producción de crudo de Venezuela tocó un mínimo de 33 años en el primer trimestre, una baja de 28 por ciento en 12 meses. Las refinerías de la nación operaron en ese lapso a un tercio de su capacidad y los trabajadores han renunciado por miles en meses recientes.
>
> Pdvsa compró el crudo hasta 12 dólares por barril más caro de lo que facturaba cuando enviaba el mismo petróleo a Cuba, según precios en documentos internos revisados por Reuters.
>
> Pero es posible que Cuba nunca pague en efectivo por los cargamentos, ya que Venezuela siempre ha aceptado bienes y servicios de la isla a cambio de petróleo bajo un pacto firmado en el 2000 por los difuntos líderes Hugo Chávez y Fidel Castro[36].

Una catastrófica fusión

Luego de firmado el convenio de entrega mediante el cual Venezuela, no solo suministró en forma incontrolada durante

---

36   Ver la reseña de Marianna Párraga y Jeanne Liendo/Reuters, "Exclusive: As Venezuelans suffer, Maduro buys foreign oil to subsidize Cuba", en *Reuters*, 15 de mayo de 2017, en https://ca.reuters.com/article/idCAKCN1IG1TO-OCABS?utmsour-ce=34553&utm_medium=partner; y "Mientras los venezolanos sufren, gobierno de Maduro compra petróleo extranjero para subsidiar a Cuba", en *Lapatilla.com*, 15 de mayo de 2018, en https://www.lapatilla.com/site/2018/05/15/insolito-venezuela-compro-petroleo-extranjero-para-subsidiar-a-cuba-en-medio-de-crisis-interna/.

dos décadas petróleo a Cuba, sino que incluso pagó para ser invadida por ese país, en el ámbito interno –con Alí Rodríguez como ministro de Energía y Minas–, en mayo de 2001 Chávez procedió a reformar los estatutos de Pdvsa.

Creó, en una primera aproximación, un "Consejo de Accionistas" para "asesorar al Ejecutivo Nacional", es decir, al propio Ministerio de Energía y Minas, "en la formulación y vigilancia del cumplimiento de los lineamientos y políticas que, a través del Ministerio de Energía y Minas, debe establecer o acordar de conformidad con la Cláusula Segunda de esta Acta Constitutiva-Estatutos" (artículos 38 y 39). Así se comenzó a permitir que el ministro interviniera en las operaciones de la compañía[37].

Dos años más tarde, en noviembre de 2004, el presidente Chávez logró su objetivo de intervenir directamente en la administración de Pdvsa, al designar a su ministro de Energía y Minas, Rafael Ramírez, simultáneamente como presidente de la empresa[38], violando así sus estatutos, que prohibían expresamente que los ministros pudieran ser miembros de la Junta Directiva de la compañía (cláusula 29).

La abierta violación de los estatutos de Pdvsa con este nombramiento, por tanto, provocó una nueva reforma estatutaria ex post facto, precisamente para "regularizar" que Rafael Ramírez como ministro de Petróleo permaneciera en la junta como presidente de la compañía[39].

Una nueva reforma de los estatutos fue aprobada posteriormente mediante un decreto ejecutivo en 2008[40]. En ella se estableció expresamente que para lograr sus objetivos Pdvsa debía seguir los lineamientos y políticas del Ejecutivo Nacional establecidas o hechas de conformidad con las leyes aplicables, "a través del

---

37   Ver Decreto N.º 1.313 del 29 de mayo de 2001 en la *Gaceta Oficial* N.º 37.236, del 10 de julio de 2001, pp. 318.941.

38   Ver *Gaceta Oficial* N.º 38.082, del 12 de diciembre de 2004, p. 336.308

39   Ver enmienda de la Cláusula Vigésima Novena en el Decreto Nº 3.299, de fecha 7 de diciembre de 2004, en la *Gaceta Oficial* N.º 38.081, del 7 de diciembre de 2004, pp. 336.271.

40   Ver Decreto N.º 6.234 del 15 de julio de 2008 en la *Gaceta Oficial* N.º 38.988, del 6 de agosto de 2008, pp. 363.187.

Ministerio del Poder Popular para Energía y Petróleo" (cláusula segunda, según enmienda).

Se agregó además un texto para permitir que el Presidente de la República pudiera autorizar al presidente de Pdvsa o a alguno de los miembros de la junta directiva, a ser dirigentes de organizaciones políticas mientras desempeñaran el cargo, una actividad que hasta tal enmienda estaba expresamente prohibida (cláusula trigésima, según enmienda)[41].

Los estatutos de Pdvsa fueron reformados de nuevo en 2011, esta vez para permitir la designación de dos ministerios adicionales en la Junta Directiva de Pdvsa: el ministro de Planificación y Finanzas, Jorge Giordani, y el ministro de Relaciones Exteriores, Nicolás Maduro. Con esta reforma se derogó la citada cláusula 29 de los estatutos con todas sus prohibiciones[42]. Por lo tanto, desde 2011, no uno sino tres miembros del Gabinete Ejecutivo Nacional comenzaron a desempeñarse como miembros de la junta directiva de Pdvsa. Además de esto, el viceministro de Energía y Minas (Bernard Mommer) también era miembro de la junta directiva de Pdvsa.

Después de la elección de Nicolás Maduro como Presidente de Venezuela en abril de 2013, Rafael Ramírez fue ratificado como presidente de Pdvsa, y el 22 de abril de 2013, simultáneamente como ministro de Petróleo y Minas del nuevo gobierno[43], cargos que ocupó hasta septiembre de 2014. Esto significa que durante diez años seguidos, Rafael Ramírez, el ministro de Petróleo y Minas, fue al mismo tiempo el presidente de Pdvsa. Tales atribuciones lo convirtieron en el principal responsable de desmantelar la independencia y autonomía de Pdvsa, que había tenido hasta entonces desde su creación en 1975[44], y con ello la destrucción de la industria petrolera.

---

41   Ver los comentarios acerca de esta enmienda en https://www.analitica.com/economia/desde-pdvsa-hasta-psuvsa/

42   Ver Decreto N.º 8.238, en la *Gaceta Oficial* 39681, del 15 de mayo de 2011.

43   Ver *Gaceta Oficial* N.º 40.151 del 22 de abril de 2013, p. 400.835

44   Ver, en general, acerca de este proceso: Allan R. Brewer-Carías, *Crónica de una destrucción...* (obra citada en la nota 3).

La práctica de combinar los cargos de ministro de Petróleo y presidente de Pdvsa y, como tal, estar involucrado en las operaciones diarias de la empresa, continuó después de la salida de Ramírez. El entonces presidente Maduro designó en 2014 a Eulogio del Pino (quien era presidente de la Corporación Venezolana del Petróleo, una filial de Pdvsa, y también antiguo miembro de la junta directiva de Pdvsa) como presidente de esta[45], y, en agosto de 2015 lo designó para ejercer simultáneamente como ministro de Petróleo y Minas[46].

Esta duplicidad se vio brevemente interrumpida en 2017, solo por unos meses, cuando el 24 de agosto de ese año Eulogio del Pino fue nuevamente designado como ministro de Petróleo[47], nombrándose a Nelson Martínez como presidente de Pdvsa[48]. Ambos ocuparon tales cargos hasta el 4 de noviembre de 2017, cuando fueron detenidos bajo acusación penal de corrupción[49]. Martínez falleció mientras estaba detenido en diciembre de 2018[50].

La sustitución de los destituidos tuvo lugar el 26 de noviembre de 2017, cuando Manuel Quevedo, un general de la Guardia Nacional sin conocimiento alguno de la industria petrolera, fue designado por Maduro como ministro de Petróleo[51] y presidente de Pdvsa[52], también simultáneamente, cargos que conservó durante el período de usurpación de la presidencia por Maduro,

---

45   Ver *Gaceta Oficial* N.º 40.488, del 2 de septiembre de 2014, p. 414.654.

46   Ver *Gaceta Oficial* N.º 40.727, del 19 de agosto de 2015, p. 422.884. Asdrúbal Chávez, también antiguo miembro de la Junta Directiva, fue designado brevemente como Ministro de Petróleo y Minas antes de Eulogio Del Pino, ver *Gaceta Oficial* N.º 40.488, del 2 de septiembre de 2014, p. 414.652

47   Ver Decreto N.º 3.042 del 24 de agosto de 2017 en la *Gaceta Oficial* N.º 41.221, del 24 de agosto de 2017, p. 437.327.

48   Ver Decreto N.º 3.043 en la *Gaceta Oficial* N.º 41.22, del 24 de agosto de 2017, p. 437.328.

49   Ver la información en https://www.lapatilla.com/2017/11/30/saab-confirma-detencion-de-eulogio-del-pino-y-nelson-martinez/; https://www.noticiascandela.informe25com/2017/12/en-detalles-la-detencion-de-del-pino.html

50   Ver la información en: https://elpais.com/internacional/2018/12/13/america/1544721965_258574.html; https://www.elnacional.com/venezuela/politica/reuters-fallecio-nelson-martinez-presidente-pdvsa_263171/

51   Ver Decreto N.º 3.177, del 26 de noviembre de 2017 en la *Gaceta Oficial* N.º 6.343 Extraordinaria del 26 de noviembre de 2017.

52   Ver Decreto N.º 3.178 del 26 de noviembre de 2017 en la Gaceta Oficial N.º 6.343 Extraordinaria del 26 de noviembre de 2017.

hasta el 27 de abril de 2020[53]. En esa fecha, con Pdvsa ya totalmente destruida, Nicolás Maduro designó a Asdrúbal José Chávez Jiménez como presidente interino[54].

La deriva institucional de Pdvsa arriba descrita, en la que un ministro era al mismo tiempo presidente de la compañía, permitía al Gobierno intervenir en la administración de esta y tener injerencia en sus operaciones diarias. Esto dio la base para que la Corte Distrital de los Estados Unidos para el Distrito de Delaware, en una decisión que adoptó en el caso Crystallex International Corporation v. República Bolivariana of Venezuela (C. A. No. 17-mc-151-LPS) del 9 de agosto de 2019, afirmara que entre la República y Pdvsa no había una clara separación corporativa[55].

La empresa no tenía autonomía, alegaban, para realizar sus funciones económicas, y se llegó a la conclusión de que, ante la justicia de Estados Unidos, Pdvsa no era sino un alter ego de la República[56]. Es decir, se consideró que eran la misma cosa con el objeto de hacer responder con sus bienes a Pdvsa y sus filiales por los daños que había causado la República por decisiones irresponsables adoptadas, casualmente, por el ministro de Energía y Minas cuando era a la vez presidente de Pdvsa.

---

53 Ver *Gaceta Oficial* N.º 6.531 Extraordinaria del 27 de abril de 2020.

54 Ver Decreto N.º 4.191 del 27 de abril de 2020. *Gaceta Oficial* N.º 6.531 Extraordinaria del 27 de abril de 2020.

55 Por el contrario, esta situación que podía aplicarse en la relación que existía entre PDVSA y el gobierno de H. Chávez y N. Maduro antes de febrero de 2019, cambió cuando se designó una nueva Junta Directiva Ad-Hoc de PDVSA y sus filiales para la protección de sus bienes e intereses en el exterior, mediante Decreto de 8 de febrero de 2019 del Presidente Interino Juan Guaidó, con la autorización de la Asamblea Nacional y conforme a lo previsto en los artículos 15 y 34.3 del Estatuto de Transición hacia la Democracia y el restablecimiento de la vigencia de la Constitución de fecha 5 de febrero de 2019, que garantiza e impone la autonomía funcional y gerencia autónoma de las empresas. Ello ha implicado la necesaria separación de la gerencia de PDVSA y sus filiales en el exterior, no solo del régimen de N. Maduro sino del propio Gobierno de Transición, de manera que desde 2019 no puede considerarse que el gobierno de Venezuela a cargo de Juan Guaidó ejerza sobre esas empresas en el exterior un "excesivo control" sobre sus operaciones día a día, como sucedía antes de febrero de 2019, no existiendo en las relaciones entre el Gobierno y PDVSA y sus filiales, la relación "de principal y agente" que se desarrolló durante los gobiernos de Chávez y Maduro. Véase sobre el régimen del gobierno de transición: Allan R. Brewer-Carías, *La transición a la democracia en Venezuela. Bases constitucionales y obstáculos usurpadores*, Iniciativa Democrática España y las Américas, Editorial Jurídica Venezolana, Caracas / Miami 2019, pp. 242-251.

56 Disponible en: https://www.italaw.com/sites/default/files/case documents/italaw10190.pdf

Efectivamente, con esa perversa confluencia organizativa, Pdvsa, la otrora más importante empresa petrolera del continente, se convirtió en una entidad que sirvió de "caja chica" del Ejecutivo para la atención y financiamiento de toda suerte de programas sociales y de importaciones de bienes de la más diversa índole. Esto no solo abrió las puertas a la corrupción oficial a niveles todavía no sospechados, sino que multiplicó por cuatro, en diez años, el número de empleados de Pdvsa, que se convirtió en la empresa peor gerenciada del continente y dejó de invertir en el negocio petrolero.

En ese esquema organizativo, en el sector de la industria petrolera nacionalizada, Petróleos de Venezuela S. A., pasó a ser un apéndice de la Administración Central, desapareciendo en su funcionamiento todos los objetivos y propósitos definidos en 1975, cuando se creó; todo ello con efectos catastróficos para su desempeño y su misión.

Ello, en todo caso, se estableció mediante una serie de decisiones que se fueron tomando en el Ejecutivo Nacional desde el inicio del gobierno de Chávez, con la participación de Alí Rodríguez Araque y Rafael Ramírez, ambos ministros de Energía y Minas y presidentes de Pdvsa.

La reforma de la ley orgánica de nacionalización de 1975 y la fórmula de empresas mixtas

Entre esas decisiones destaca la adoptada por el presidente Hugo Chávez en 2001, dictando mediante Decreto-Ley N.º 1.510 de 2 de noviembre de 2001 la nueva Ley Orgánica de Hidrocarburos[57], que derogó expresamente la Ley Orgánica de Nacionalización Petrolera de 1975. Con ello demolió las bases de la Apertura Petrolera, es decir, la posibilidad de que el capital privado pudiese participar en la explotación de las actividades primarias de los hidrocarburos mediante los convenios de asociación que aquella ley estableció, y conforme a la cual se

---

57   Ver en *Gaceta Oficial* N.º 37.323 de 13 de noviembre de 2001.

desarrolló el proceso de las Asociaciones Estratégicas para la explotación de la Faja Petrolífera del Orinoco y de explotaciones petroleras costa afuera.

La Ley Orgánica de Hidrocarburos de 2001, en efecto, si bien estableció en sus artículos 33 a 37 la posibilidad de participación del capital privado en la explotación de actividades primarias, lo limitó a la figura de empresas mixtas, en las cuales necesariamente el Estado debía tener una participación mayor del 50% de su capital social. Con ello se modificó el sentido del control estatal sobre los Convenios de Asociación que regulaba la Ley Orgánica de Nacionalización derogada, y que permitía que con un capital mayoritario privado, sin embargo, el Estado pudiera suscribir Convenios de Asociación manteniendo el control.

Con la nueva ley, en cambio, si bien se previó que el capital público en las empresas mixtas fuera mayor al 50% del capital social, el control podría estar en manos de la participación privada, pues es sabido que el control de las empresas no necesariamente depende de la composición accionaria.

La intención de la Ley Orgánica de Hidrocarburos era restringir la posibilidad de participación del capital privado (no estatal) en las actividades primarias de hidrocarburos, imponiendo para ello la forma de las empresas mixtas.

Por eso resultó incomprensible que en diciembre de 2001, después de que se hubiera dictado el Decreto-Ley y que fuera publicado en *Gaceta Oficial* (13 de noviembre de 2001), en virtud de una *vacacio legis* que muy "convenientemente" se estableció en él para que la ley comenzara a regir el 1º de enero de 2002, precisamente dentro de ese lapso el mismo promulgante de la ley, el propio Ejecutivo Nacional, se apresuró a someter a la Asamblea Nacional (17 de diciembre de 2001) la solicitud de autorización para la celebración de un Convenio de Asociación (que la nueva ley prohibía) conforme a los términos de la vieja Ley de Nacionalización de 1975 que estaba derogando.

Se trataba de un convenio con una empresa estatal china, filial de la empresa China Nacional Petroleum Corporation, para la producción de bitumen y de orimulsión; pero la filial de Pdvsa tenía solo el 30% de participación en el capital social[58].

En relación con los Convenios de Asociación que se habían suscrito desde 1993, incluido este de 2001, desde el punto de vista jurídico el cambio de régimen de participación del capital privado en la nueva Ley Orgánica de Hidrocarburos de 2001 no los afectaba, pues las nuevas previsiones de la ley no podían tener efectos retroactivos. En consecuencia, todos los Convenios de Asociación que se habían suscrito con anterioridad a 2001, no solo los resultantes de las rondas de negociaciones de 1993 y 1997 en el marco de la Apertura Petrolera, sino el autorizado a última hora, en diciembre de 2001, continuaron vigentes en sus respectivos términos contractuales conforme a los cuales habían sido suscritos, de acuerdo con el marco autorizado por las cámaras legislativas y las previsiones del artículo 5 de la Ley de Orgánica de Nacionalización de 1975.

Pero ello fue solo hasta 2006 cuando, ya consolidada la política de acabar con la Apertura Petrolera y destruir a Pdvsa, se procedió a la eliminación de la participación del capital privado en la industria que había sido posible conforme a los contratos suscritos antes de 2001. Se procedió en la forma siguiente: primero, mediante la sanción de la Ley de Regularización de la Participación Privada en las Actividades Primarias Previstas, de abril de 2006, se extinguió, es decir, se dieron por terminados unilateral y anticipadamente los Convenios Operativos que entonces existían, para la realización de operaciones no relacionadas con las actividades primarias de hidrocarburos.

Segundo, mediante la emisión por Decreto-Ley 5200 de la Ley de Migración a Empresas Mixtas de los Convenios de Asociación

---

58 Convenio de Asociación Estratégica de la empresa estatal China Nacional Oil and Gas Exploration and Development Corporation, como empresa filial de China Nacional Petroleum Corporation, con la empresa Bitúmenes Orinoco (Bitor), filial de Petróleos de Venezuela S. A. Pdvsa, para la producción de bitumen, diseño, construcción y operación de un módulo de producción y emulsificación de bitumen natural para la elaboración de Orimulsión. La empresa Bitor solo tenía el 30% de participación en el capital social. Ver el Acuerdo autorizatorio de la Asamblea Nacional en *Gaceta Oficial* N.º 37.347, del 17 de diciembre de 2001.

de la Faja Petrolífera del Orinoco, así como de los Convenios de Exploración a Riesgo y Ganancias Compartidas, de febrero de 2007, se procedió a terminar unilateral y anticipadamente los Convenios de Asociación y de Explotación a Riesgo que existían y que se habían suscrito entre 1993 y 2001, previéndose, sin embargo, en este último caso, la posibilidad de que dichos convenios de asociación se pudieran "convertir" en empresas mixtas con capital del Estado en más del 50% del capital social (Arts. 22 y 27 al 32 LOH).

Tercero, mediante la sanción de la Ley sobre los Efectos del Proceso de Migración a Empresas Mixtas de los Convenios de Asociación de la Faja Petrolífera del Orinoco, así como de los Convenios de Exploración a Riesgo y Ganancias Compartidas, de octubre de 2007, se procedió a "confiscar" los intereses, acciones, participación y derechos de las empresas que formaban parte de dichos convenios y asociaciones, cuando no hubiesen acordado migrar a las referidas empresas mixtas.

Los preparativos para la adopción de estas tres decisiones, sin embargo, como se ha dicho, se comenzaron a definir desde 2004, cuando se empezó la modificación unilateral de términos contractuales importantes para los Convenios de Asociación, como los relativos al porcentaje para el cálculo del impuesto de explotación o regalía.

Comienza el desmantelamiento de la apertura petrolera

En efecto, de acuerdo con lo establecido en el artículo 7 de la ley Orgánica de Nacionalización de 1975, Pdvsa y sus empresas filiales no solo quedaron sometidas a sus propias prescripciones, sino a las que se establecían en la vieja Ley de Hidrocarburos de 1967[59]. Por ejemplo, en lo referente al pago de los impuestos y contribuciones que habían sido establecidas para las antiguas empresas concesionarias. Entre ellas estaba el pago de los "impuestos de explotación", regulados en el artículo 41 de dicha ley de hidrocarburos.

---

59   *Gaceta Oficial* N.º 1.149 Extra. 15 de septiembre de 1967.

Estos impuestos, a pesar de su nombre, en realidad nunca fueron considerados como "impuestos", sino como una participación estatutaria o legal del Estado en el valor del crudo extraído, es decir, una regalía, que los antiguos concesionarios debían pagar por la explotación petrolera[60], calculada en relación con la cantidad de crudo extraído, medido en el área de producción y en sus instalaciones.

La aplicación de dichas normas a Pdvsa y sus filiales originó que en el marco de la Apertura Petrolera y de los Convenios de Asociación firmados con la autorización del Congreso, el 29 de mayo de 1998, se suscribiera un "Convenio de Regalía para las Asociaciones Estratégicas de la Faja Petrolífera del Orinoco", entre la República y la empresa Pdvsa Petróleo y Gas S. A.

Este convenio también abarcaba las empresas operadoras de las Asociaciones Estratégicas y las empresas extranjeras que eran parte de ellas para la explotación del crudo pesado de la Faja Petrolífera del Orinoco. Se trataba, por tanto, de una pieza más en la relación contractual entre el Estado y las empresas parte en los Convenios de Asociación.

En él se estableció para un período de nueve años un porcentaje reducido del 1% para calcular el impuesto de explotación o regalía, como parte de toda la estructura contractual establecida con las empresas extranjeras en el marco de las Asociaciones Estratégicas. Este había sido el primer objetivo de intervención por parte del gobierno en 2004, al disponer unilateralmente un aumento de dicho porcentaje del 1% al 16 2/3 %; lo que se hizo mediante oficio de octubre de 2004 del Ministro de Energía y Minas dirigido al Presidente de Petróleos de Venezuela S. A., notificado igualmente a las operadoras de los Convenios de Asociación por Oficios de noviembre de 2004 del director de explotación y

---

60   Ver Luis R. Casado Hidalgo, *Temas de Hacienda Pública*, Contraloría General de la República, Caracas 1987, pp. 139 ff. y 143 ff.; Luis González Berti, *Compendio de Derecho Minero Venezolano*, Universidad de Los Andes, Tomo I, Mérida 1960, pp. 449 ff; Rufino González Miranda, *Estudios acerca del régimen legal del petróleo en Venezuela*, Universidad Central de Venezuela, Caracas 1958, pp. 344 ff; A. D. Aguerrevere, *Elementos de Derecho Minero*, Caracas 1954, p. 167.

producción del Ministerio de Energía y Minas, y a las empresas extranjeras parte de los convenios de asociación, por oficios del octubre de 2004 del presidente de Pdvsa.

Esto constituyó una primera ruptura de las cláusulas y obligaciones contractuales, modificando además unilateralmente el equilibrio económico de los contratos que la República estaba obligada a respetar. Las empresas parte de los Convenios de Asociación, en ese caso, no reaccionaron judicialmente contra esta decisión reclamando compensación, pero sin duda entendieron cuál era el mensaje que se estaba dando, y que apuntaba a demoler todo el esquema de la apertura petrolera.

La "estatización" de la industria petrolera en 2006-2007

Y ello, en efecto, ocurrió solo dos años después, entre 2006 y 2007, cuando el Estado procedió a poner término unilateralmente tanto a los Convenios Operativos como a las Asociaciones Estratégicas que se habían celebrado con empresas privadas antes de la reforma de la ley de Hidrocarburos de 2001, y que habían continuado en ejecución en virtud del principio de irretroactividad de la ley, que a partir de entonces fue ignorado[61].

En cuanto a los Convenios Operativos que se habían suscrito conforme a la legislación anterior entre las filiales de Pdvsa y empresas privadas, como se mencionó, el 18 de abril de 2006 se dictó la Ley de Regularización de la Participación Privada en las Actividades Primarias Previstas[62], con el específico objeto de "regularizar la participación privada en las actividades primarias", mediante la extinción de dichos contratos. El legislador consideró que había "sido desnaturalizado por los Convenios Operativos surgidos de la llamada apertura petrolera, al punto de violar los intereses superiores del Estado y los elementos básicos de la soberanía (art. 1).

---

61   Sobre el proceso de estatización ver: Allan R. Brewer-Carías, "La terminación anticipada y unilateral mediante leyes de 2006 y 2007 de los convenios operativos y de asociaciones petroleros que permitían la participación del capital privado en las actividades primarias suscritos antes de 2002", en *Revista de Derecho Público*, N.º 109 (enero-marzo 2007), Editorial Jurídica Venezolana, Caracas 2007, pp. 47-54.

62   Ver en *Gaceta Oficial* N.º 38.419 de 18 de abril de 2006.

La consecuencia fue la declaración, en el artículo 2 de la ley, de dichos Convenios Operativos surgidos de la Apertura Petrolera alegando que eran incompatibles "con las reglas establecidas en el régimen de nacionalización petrolera", disponiendo no solo la extinción de estos sino prohibiendo "continuarse la ejecución de sus preceptos, a partir de la publicación de esta Ley en la Gaceta Oficial" (art. 2).

En este caso, fue evidente el compromiso de la responsabilidad del Estado por los daños causados por la terminación unilateral y anticipada de los contratos, generando derechos de los co-contratantes a ser indemnizados, ya que la medida se configuró como una expropiación de derechos contractuales.

La ley (art. 3) fue, además, tajante al prescribir que

ningún nuevo contrato podrá otorgar participación en las actividades de exploración, explotación, almacenamiento y transporte inicial de hidrocarburos líquidos, o en los beneficios derivados de la producción de dichos hidrocarburos, a persona alguna de naturaleza privada, natural o jurídica, salvo como accionista minoritario en una empresa mixta, constituida de conformidad con la Ley Orgánica de Hidrocarburos en la cual el Estado asegure el control accionario y operacional de la empresa.

Se dispuso además en la Ley la estatización de las actividades que venían realizándose en el marco de dichos convenios, que "la República, directamente o a través de empresas de su exclusiva propiedad, reasumirá el ejercicio de las actividades petroleras desempeñadas por los particulares" (art. 4).

Luego, en 2007, y en uso de la delegación legislativa establecida en una ley habilitante gestionada por el Ejecutivo Nacional, el presidente Hugo Chávez, asistido por su ministro de Energía y Petróleo, Rafael Ramírez, quien a la vez era presidente de Pdvsa, y, por supuesto, junto con los otros ministros del Gabinete, dispusieron la terminación unilateral y anticipada de todos los Convenios de Asociación suscritos entre 1993 y 2001 que conformaron la Apertura

Petrolera, lo que ocurrió mediante Decreto Ley No. 5.200, contentivo de la Ley de Migración a Empresas Mixtas de los Convenios de Asociación de la Faja Petrolífera del Orinoco, así como de los Convenios de Exploración a Riesgo y Ganancias Compartidas[63].

Esto implicó que si los contratistas no aceptaban los términos unilaterales fijados por el Estado para transformarse en empresas mixtas, sus derechos contractuales serían expropiados, generándose la posibilidad de ser justamente indemnizados por los daños y perjuicios causados por la ejecución de dicha ley.

Lo anterior comprometió gravemente la responsabilidad de la República y originó infinidad de demandas contra el Estado, Pdvsa y sus empresas filiales ante tribunales arbitrales internacionales. Tales demandas generaron a su vez una monumental deuda cuyas consecuencias aún no se sabe cuáles terminarán siendo. Y todo se debió a la monumental irresponsabilidad del conductor operativo de esa política, es decir, el señor Rafael Ramírez, en tanto presidente de Pdvsa.

Con esta ley, en definitiva, se le dio efecto retroactivo a la Ley Orgánica de Hidrocarburos al disponerse que los contratistas de los Convenios de Asociación debían ajustarse a esa ley, y ordenarse que serían "transferidas a las nuevas empresas mixtas":

> todas las actividades ejercidas por asociaciones estratégicas de la Faja Petrolífera del Orinoco, constituidas por las empresas Petrozuata, S.A.; Sincrudos de Oriente, S.A., Sincor, S.A., Petrolera Cerro Negro S.A. y Petrolera Hamaca, C.A; los convenios de Exploración a Riesgo y Ganancias Compartidas de Golfo de Paria Oeste, Golfo de Paria Este y la Ceiba, así como las empresas o consorcios que se hayan constituido en ejecución de los mismos; la empresa Orifuels Sinovensa, S.A, al igual que las filiales de estas empresas que realicen actividades comerciales en la Faja petrolífera del Orinoco, y en toda la cadena productiva, serán transferidas a las nuevas empresas mixtas.

---

63   *Ídem.*

La consecuencia inmediata de la Ley fue la transferencia a la empresa petrolera estatal del control de todas las actividades que las Asociaciones realizaban, quedando despojadas las empresas que eran parte de los convenios de asociación, de su participación e inversiones, disponiéndose un lapso breve para poder constituir empresas mixtas conforme lo indicara el propio Estado, al término del cual, si no se llegaba a un acuerdo, la República, a través de Petróleos de Venezuela, S. A. y sus filiales, pasaría a asumir directamente las actividades ejercidas por las asociaciones, sin que se previera ninguna compensación por el despojo. Todo lo cual, como se dijo, originó el derecho de los antiguos contratistas a ser justamente indemnizados por los daños y perjuicios causados.

El despojo quedó confirmado, semanas después, al dictarse la Ley sobre los Efectos del Proceso de Migración a Empresas Mixtas de los Convenios de Asociación de la Faja Petrolífera del Orinoco; así como de los Convenios de Exploración a Riesgo y Ganancias Compartidas de 5 de octubre de 2007[64], mediante la cual los Convenios de Asociación que habían dado origen a las asociaciones estratégicas "quedaron extinguidos", disponiéndose "la transferencia del derecho a ejercer actividades primarias a las empresas mixtas que se constituyeron".

Con ello el Estado optó por "confiscar" definitivamente los derechos de las empresas que habían sido parte de los Convenios de Asociación, violando el artículo 116 de la Constitución, al disponer incluso expresamente que los activos utilizados para la realización de las actividades de tales asociaciones, incluyendo derechos de propiedad, derechos contractuales y de otra naturaleza" (...), "quedan transferidos (...) sin necesidad de acción o instrumento adicional, a las nuevas empresas mixtas constituidas como resultado de la migración de las asociaciones" (art. 4).

Esta actuación irresponsable del Estado y, en particular, del Ejecutivo Nacional conducido por el ministro de Energía y

---

64   Ver en *Gaceta Oficial* N.º 38.785 del 8 de octubre de 2007.

Minas, Rafael Ramírez, encargado del sector petrolero, condujo a que las empresas extranjeras reclamaran la indemnización debida por las confiscaciones. Lo cual hicieron, como se ha dicho, ante tribunales arbitrales internacionales: en unos casos, ante los tribunales del Centro Internacional de Arreglo de Diferencias sobre Inversiones (Ciadi) del Banco Mundial), en el marco tanto de los Convenios Bilaterales de protección de inversiones de los cuales Venezuela era parte, como de la Ley de Protección de Inversiones de 1999; y en otros casos ante los tribunales arbitrales de la Cámara de Comercio de Nueva York (ICC), conforme a las cláusulas arbitrales contenidas en todos los Convenios de Asociación, según lo autorizaba el artículo 151 de la Constitución.

En cuanto a las demandas ante el Ciadi intentadas después de 2008 por parte de muchas empresas extranjeras petroleras que habían invertido en el proceso de la Apertura Petrolera y, además, por parte de empresas del sector minero o vinculadas con la explotación de minerales, intentadas con fundamento en lo previsto en Tratados Bilaterales de Protección de Inversiones (BIT) que en los lustros anteriores había suscrito la República con otros Estados, se destacan las siguientes, presentadas antes de que Venezuela denunciara en Convenio Ciadi en 2012, tal como se informa en el sitio web oficial del Centro:

- Icsid Case Nº ARB/07/4, ENI Dación B.V. v. Bolivarian Republic of Venezuela (Subject Matter: Hydrocarbon rights) (Annulment Proceeding Pending);
- Icsid Case Nº ARB/10/14, Opic Karimun Corporation v. Bolivarian Republic of Venezuela (Subject Matter: Oil exploration and production) (Concluded);
- Icsid ABC/14/10 Highbury International AVV, Compañía Minera de Bajo Caroní AVV, and Ramstein Trading Inc. v. Bolivarian Republic of Venezuela (Subject Matter: Mining concession) (Concluded).

- Icsid Case Nº ARB/11/1, Highbury International AVV and Ramstein Trading Inc. v. Bolivarian Republic of Venezuela (Subject Matter: Mining concession) (Annulment Proceeding Pending);
- Icsid Case Nº ARB(AF)/11/1, Nova Scotia Power Incorporated v. Bolivarian Republic of Venezuela (Subject Matter: Coal supply agreement) (Concluded);
- Icsid Case Nº ARB(AF)/11/2, Crystallex International Corporation v. Bolivarian Republic of Venezuela (Subject Matter: Mining company) (Concluded);
- Icsid Case Nº ARB/11/10, The Williams Companies, International Holdings B.V., WilPro Energy Services (El Furrial) Limited and WilPro Energy Services (Pigap II) Limited v. Bolivarian Republic of Venezuela (Subject Matter: Gas compression and injection enterprises) (Concluded);
- Icsid Case Nº ARB/07/27, Venezuela Holdings and others (Mobil Corporation) v. Bolivarian Republic of Venezuela (Subject Matter: Oil and gas enterprise) (Concluded);
- Icsid Case Nº. ARB/07/30, Conoco-Phillips Petrozuata B.V., Conoco-Phillips Hamaca B.V. and Conoco-Phillips Gulf of Paria B.V. v. Bolivarian Republic of Venezuela (Subject Matter: Oil and gas enterprise) (Pending);
- Icsid Case Nº ARB/09/3, Holcim Limited, Holderfin B.V. and Caricement B.V. v. Bolivarian Republic of Venezuela (Subject Matter: Cement production enterprise) (Pending: Suspension of the proceeding 2010);
- Icsid Case Nº ARB(AF)/09/1, Gold Reserve Inc. v. Bolivarian Republic of Venezuela (Subject Matter: Mining company) (Concluded);
- Icsid Case Nº ARB(AF)/04/6, Vannessa Ventures Ltd. v. Bolivarian Republic of Venezuela (Subject Matter: Gold and copper mining project) (Concluded);
- Icsid Case Nº ARB/08/15, CEMEX Caracas Investments B.V. and CEMEX Caracas II Investments B.V. v. Bolivarian

Republic of Venezuela (Subject Matter: Cement production enterprise) (Concluded);

- Icsid Case N° ARB/10/5, Tidewater Inc. and others v. Bolivarian Republic of Venezuela (Subject Matter: Maritime–support services) (concluded);
- Icsid Case N° ARB/10/9, Universal Compression International Holdings, S.L.U. v. Bolivarian Republic of Venezuela (Subject Matter: Oil and gas enterprise) (Pending);
- Icsid Case N° ARB(AF)/17/4 Venoklim Holding B.V. v. Bolivarian Republic of Venezuela (Subject Matter: Lubricant production facilities) (Pending);
- Icsid Case N° ARB/16/40, Saint Patrick Properties Corporation. v. Bolivarian Republic of Venezuela (Subject Matter: Marine transport and related services enterprise (Pending);
- Icsid Case N° ARB (AF) /14/1, Anglo American PLC v. Bolivarian Republic of Venezuela (Subject Matter: Mining Concession) (Pending);
- Icsid Case N° ARB/12/23, Tenaris S.A. and Talta - Trading e Marketing Sociedade Unipessoal Lda. v. Bolivarian Republic of Venezuela (Subject Matter: production of hot briquetted iron steel products) (Pending: Annulment Proceeding);
- Icsid Case N° ARB/12/22 Venoklim Holding B.V. v. Bolivarian Republic of Venezuela (Subject Matter: (Lubricant production facilities) (Pending: Annulment Proceeding);
- Icsid Case N° ARB/12/19, Ternium S.A. and Consorcio Siderurgia Amazonia S.L. v. Bolivarian Republic of Venezuela (Subject Matter: Steel production facilities) (Concluded);
- Icsid Case N° ARB(AF)/12/5, Rusoro Mining Ltd. v. Bolivarian Republic of Venezuela (Subject Matter: Gold exploration and exploitation operations) (Concluded);
- Icsid Case N° ARB/12/13, Saint-Gobain Performance Plastics Europe v. Bolivarian Republic of Venezuela (Subject Matter: (Proppant production) (Pending: Annulment Proceeding)[65].

---

65   Ver la relación de los casos presentados ante el Ciadi (Icsid) en: https://icsid.worldbank. org/en/Pages/cases/casedetail.aspx?CaseNo=ARB/14/10 (consultado: 29/4/2018)

Muchos otros casos fueron llevados ante el mecanismo de arbitraje de la Cámara Internacional de Comercio de Nueva York (ICC), cuyos tribunales arbitrales conocieron de las respectivas demandas intentadas por empresas petroleras extranjeras, con base en las cláusulas arbitrales incluidas en cada uno de los contratos de la Apertura Petrolera. En muchos de dichos casos la República fue condenada.

El resultado fue catastrófico por las consecuencias que tuvieron y que siguen teniendo las sentencias arbitrales falladas contra Venezuela, Pdvsa y sus filiales. La responsabilidad corresponde a quienes tomaron las decisiones que condujeron a dichos procesos arbitrales, en particular Hugo Chávez y Rafael Ramírez. Los efectos, por lo demás, aceleraron el colapso de la industria petrolera.

Todavía en 2020 las secuelas de las condenas multimillonarias contra la República, Pdvsa y sus filiales se estaban manifestando ante las cortes de los Estados Unidos. Los inversionistas lesionados acudieron a ellas, como se dijo, demandando a las empresas filiales de Pdvsa, alegando que esta era el alter ego de la República, es decir, que a los efectos judiciales se debía considerar como el mismo Estado, para así ejecutar contra Pdvsa y sus filiales las deudas de aquella por la violación de los convenios de protección de inversiones. Consecuencias de las decisiones de Rafael Ramírez, como ministro de Energía, Minas y Petróleo.

La nacionalización de 2009

El daño causado a la República y a Pdvsa con la estatización de la industria petrolera en 2006 y 2007 no cesó allí, sino que continuó en 2009 con la confiscación, de hecho, de los servicios conexos con la industria petrolera. En efecto, conforme a la Ley Orgánica de Nacionalización de 1975, y, posteriormente, con la Ley Orgánica de Hidrocarburos de 2001, además de la participación de las empresas privadas en las actividades reservadas de la industria y el comercio de hidrocarburos mediante los convenios operativos y los convenios de asociación que fueron terminados en 2006 y 2007[66], los particulares y empresas privadas también podían participar en las actividades conexas de la industria y el comercio de los hidrocarburos, que no eran de las reservadas al Estado, particularmente prestando servicios o realizando obras mediante contratos celebrados con las empresas del Estado.

Ese fue el caso de las empresas que, mediante procesos licitatorios llevados a cabo incluso antes de la entrada en vigencia de la Ley Orgánica de Hidrocarburos de 2001, suscribieron contratos con la empresa Pdvsa Petróleo y Gas S.A. (luego Pdvsa Petróleo. S. A.) para la prestación a Pdvsa de diversos trabajos. Por ejemplo, servicios de inyección de agua, de vapor o de gas y de compresión de gas; servicios vinculados con las actividades petroleras desarrolladas en particular en el lago de Maracaibo, como las lanchas para el transporte de personal, buzos y mantenimiento; los servicios de barcazas con grúa para transporte de materiales, diesel, agua industrial y otros insumos; los servicios de remolcadores; los servicios de gabarras planas, boyeras, grúas, de ripio, de tendido o reemplazo de tuberías y cables subacuáticos; los servicios de mantenimiento de buques en talleres, muelles y diques.

En esos casos, la empresa petrolera nacional encomendó a empresas privadas, generalmente a consorcios que agrupaban a empresas extranjeras con nacionales, la realización de actividades que entonces no estaban reservadas al Estado, ni estaban destinadas a satisfacer necesidades colectivas, sino solo a prestar servicios eminentemente técnicos a una sola empresa para la realización de sus actividades, como era el caso de Pdvsa Petróleo y Gas S. A.

---

66 Ver la Ley de Migración a Empresas Mixtas de los Convenios de Asociación de la Faja Petrolífera del Orinoco, así como de los Convenios de Exploración a Riesgo y Ganancias Compartidas (*Gaceta Oficial* N.º 38.623 de 26-2-2007), y la Ley sobre los Efectos del Proceso de Migración a Empresas Mixtas de los Convenios de Asociación de la Faja Petrolífera del Orinoco, así como de los Convenios de Exploración a Riesgo y Ganancias Compartidas del 5 de octubre de 2007 (*Gaceta Oficial* N.º 38.785 del 08-10-2007). Sobre estas leyes, ver Allan R. Brewer-Carías, "La estatización de los convenios de asociación que permitían la participación del capital privado en las actividades primarias de hidrocarburos suscritos antes de 2002, mediante su terminación anticipada y unilateral y la confiscación de los bienes afectos a los mismos", en Víctor Hernández Mendible (coordinador), *Nacionalización, libertad de empresa y asociaciones mixtas*, Editorial Jurídica Venezolana, Caracas, 2008, pp. 123-188.

Las actividades que constituían el objeto de los contratos celebrados con empresas privadas o consorcios, por otra parte, a pesar de tratarse de actividades conexas con las actividades primarias de hidrocarburos que estaban a cargo de Pdvsa, no solo no eran actividades reservadas al Estado, sino que no constituían en sí mismas operaciones de explotación petrolera.

En mayo de 2009, sin embargo, todos esos servicios fueron nacionalizados, mediante la sanción de la Ley Orgánica que reserva al Estado bienes y servicios conexos con las actividades primarias de Hidrocarburos[67] (Ley de Reserva de 2009) según la cual se dispuso que dichas actividades pasarían a ser ejecutadas, "directamente por la República; por Petróleos de Venezuela, S.A. (Pdvsa) o de la filial que ésta designe al efecto; o, a través de empresas mixtas, bajo el control de Petróleos de Venezuela, S. A., (Pdvsa) o sus filiales" (art. 1).

La nacionalización de los mencionados bienes y servicios conexos, y su asunción inmediata por parte de Pdvsa, implicaban la obligación para el Estado de compensar a los accionistas privados de las empresas, a cuyo efecto la Ley de Reserva dispuso que el Ejecutivo Nacional podía "decretar la expropiación, total o parcial de las acciones o bienes de las empresas que realizan los servicios referidos" de conformidad con lo previsto en la Ley de Expropiación por Causa de Utilidad Pública o Social, en cuyo caso "el ente expropiante será Petróleos de Venezuela S. A., (Pdvsa) o la filial que ésta designe" (art. 6).

En la práctica, sin embargo, lo que ocurrió fue una confiscación generalizada de activos, con efectos desastrosos que se manifestaron con gran crudeza en las explotaciones del Lago de Maracaibo, donde tuvieron un gran impacto por el desmantelamiento y abandono total de una de las principales actividades que

---

67   Ver en *Gaceta Oficial* N.º 39.173, del 7 de mayo de 2009. Sobre esta Ley y sus efectos ver: Allan R. Brewer-Carías, *Sobre las nociones de contratos administrativos, contratos de interés público, servicio público, interés público y orden público, y su manipulación legislativa,* Cuadernos de la Cátedra Fundacional Allan R. Brewer-Carías de Derecho Administrativo, Universidad Católica Andrés Bello, N.º 39, Editorial Jurídica Venezolana, Caracas, primera edición, 2019; segunda edición, corregida y ampliada, 2021.

antes se desarrollaban allí, y que le habían dado vida económica durante tantos años.

Esos efectos desastrosos fueron incluso reconocidos siete años después, en 2016, en forma bizarra, por el propio Ministro del Petróleo, Eulogio del Pino, quien a su vez en ese momento era también el Presidente de Pdvsa, en una exposición pública que hizo ante la XXXVIII Asamblea General Ordinaria de la Cámara Petrolera de Venezuela (CPV) en julio de 2016, en la cual admitió que "hubo un error en las estatizaciones" que se hicieron en 2009, refiriéndose en particular a las empresas de servicios de la Costa Oriental del Lago de Maracaibo, y agregaba lo siguiente:

> debemos ir a nuevo modelo con mayoría del sector privado y eso pasa por un reconocimiento de errores. Creo que lo que se hizo en el Lago de Maracaibo tuvo muchos errores, debemos reconocerlo y hemos ido a un esquema en el cual a todos aquellos empresarios, que aún quieran continuar, vamos a devolverles sus actividades[68].

Esto, por supuesto, solo es una muestra más de la irresponsabilidad absoluta de los funcionarios a cargo de la nacionalización, encabezados por Rafael Ramírez, quien en ese momento ocupaba el cargo de ministro de Energía y Petróleos, y era a la vez el presidente de Pdvsa. Ramírez fue, sin duda, quien concibió y ejecutó la operación, generando no solo la responsabilidad de la República por confiscar de hecho a las empresas afectadas, sino la ruina de las actividades petroleras del estado Zulia.

---

68   Ver la reseña "Eulogio del Pino: Fue un error lo que se hizo con empresas del lago de Maracaibo", en Petrigui@, 27 de julio de 2016, en http://www.petro-guia.com/pub/article/eulogio-del-pino-fue-un-error-lo-que-se-hizo-con-empresas-del-lago-de-maracaibo. Igualmente, la reseña: "Del Pino: Expropiaciones en el Lago fueron un error. El ministro extendió la mano a los privados y dijo que podían trabajar con 80% y 20% Pdvsa", en Quepasa, 28 de julio, 2016, en http://www.que-pasa.com.ve/economia/del-pino-expropiaciones-en-el-lago-fueron-un-error/. Ante ello, el ex ministro del Petróleo y expresidente de Pdvsa, Rafael Ramírez, indicó que: "Ante unas declaraciones que dio, pidiendo disculpas y asumiendo 'errores' por la nacionalización que hicimos de las operaciones acuáticas, viajé a Caracas y lo visité a su Despacho. Le dije, 'Mira, no te vayas a convertir en el entreguista de nuestra política petrolera'. No escuchó; hoy está preso". Ver Rafael Ramírez Carreño, "El problema de Pdvsa está en Miraflores", en aporrea.org, 22 de abril de 2018, en https://www.aporrea.org/energia/a262147.html

Para proceder a corregir los "errores cometidos", en este caso se debía derogar la Ley Orgánica que reservó al Estado los bienes y servicios conexos a las actividades primarias de hidrocarburos de 2009 y, por supuesto, indemnizar a las empresas que fueron expoliadas. Sin embargo, ello no se hizo, sino que se pretendió privatizar las actividades y servicios conexos en forma torcida, mediante un decreto ejecutivo, totalmente inconstitucional, dictado en abril de 2018. Esto se llevó a cabo en supuesta ejecución de una inconstitucional "Ley Constitucional contra la guerra económica para la racionalidad y uniformidad en la adquisición de bienes, servicios y obras públicas"[69], dictada por la también inconstitucional y fraudulenta Asamblea Nacional Constituyente[70] en enero de 2018.

Mediante esta Ley Constitucional –categoría que, por supuesto, no existe en el ordenamiento constitucional venezolano–, contrariamente a lo que se expresa en las frases vacías a lo largo de su texto, no solo se reformó parcial y tácitamente la Ley de Contrataciones Públicas de 2014, sino que se eliminó totalmente el proceso transparente de selección de contratistas en la contratación pública mediante licitación, particularmente en la industria petrolera nacional, y precisamente en relación con todos los servicios que habían sido nacionalizados en 2009, con lo cual puede decirse que se contribuyó a institucionalizar la cleptocracia en el país[71]. El objeto de la reforma fue supuestamente establecer

normas básicas de conducta para la Administración Pública, en todos sus niveles, que promuevan la honestidad, participación, celeridad, eficiencia y transparencia en los procesos de adquisición y

---

69   Ver *Gaceta Oficial* N.º 41.318 del 11 de enero de 2018.

70   Ver Allan R. Brewer-Carías, *Usurpación Constituyente, 1999, 2017. La historia se repite: una vez como comedia y la otra como tragedia*, Editorial Jurídica Venezolana Internacional, 2018.

71   Ver los comentarios en Allan R. Brewer-Carías, "La institucionalización de la cleptocracia en Venezuela: la inconstitucional reforma tácita del régimen de contrataciones públicas y la inconstitucional eliminación, por decreto, de la licitación para la selección de contratistas en la industria petrolera, y de la nacionalización de las actividades auxiliares o conexas con la industria", Nueva York, 18 de abril de 2018, en http://allanbrewercarias.com/wp-content/uploads/2018/04/182.-Brewer.-doc.-Institucionalizaci%C3%B3n-Cleptocracia.PDVSA_.pdf

contratación de bienes, servicios y obras públicas. Facilite los mecanismos de control de tales procesos y estimule la participación equilibrada de todos los agentes económicos en la inversión y justa distribución de recursos destinados las compras públicas (art. 1).

Pero todo ello no fue más que una nueva y gran mentira que se evidencia cuando se analiza el sentido y efecto de lo regulado[72], lo cual lo que asegura es la ausencia de honestidad, transparencia y control en la contratación pública, pero encubierta con previsiones llenas de galimatías y declaraciones rimbombantes.

Si bien no es fácil identificar el sentido de la Ley Constitucional a cabalidad, el resultado inmediato de esta fue, primero, que la Ley de Contrataciones Públicas quedó relegada como ley supletoria en materia de contratación pública, al disponer la "Ley Constitucional" que sus disposiciones debían ser "aplicadas de forma preferente por la administración pública nacional, estadal y municipal" (art. 2); a causa de esto la vigencia plena de la Ley de Contrataciones Públicas quedó relegada a la discreción interpretativa de cualquier funcionario. En segundo lugar esto permitió que los principios de la licitación en la selección de contratistas podían ser eliminados, como efectivamente ocurrió respecto a las contrataciones en las empresas de la industria petrolera, que es la más importante industria del país, a pesar de su deterioro, eliminándose formalmente toda idea de transparencia en el manejo de las compras y adquisiciones por parte de las empresas del Estado.

---

72   Como lo observó Sergio Sáez:
      De la lectura [de esta norma] se puede inferir que, transcurridos dieciocho (18) años de este régimen, vistos los nefastos resultados y el desastre al cual ha conducido al país, *después de haber dilapidado más de millón y medio de millones de dólares* de ingresos petroleros, y la inmensa deuda que adquirieron, la carencia de recursos financieros y la imposibilidad de conseguir financiamiento externo que sobrepasa los *doscientos mil millones de dólares*, reconoce el régimen que la grosera corrupción los sobrepasó, y debe buscar limpiar la negra imagen y retornar a la honestidad, participación, celeridad, eficiencia y transparencia en los procesos de adquisición y contratación de bienes, servicios y obras públicas; y lo más grave, que reconocen la ausencia de los controles derivados de los equilibrios de los poderes públicos (Contraloría General de la República y Comisiones de Finanzas y de Contraloría de la Asamblea Nacional).
      En Sergio Sáez, "¿Qué hay detrás de la Ley Constitucional Contra la Guerra Económica para la Racionalidad y Uniformidad de la Adquisición de Bienes, Servicios y Obras Públicas?", 4 de abril de 2018 (consultado en el original).

En efecto, entre las disposiciones de la "Ley Constitucional" en materia de contrataciones públicas por parte de "entes del Estado con fines empresariales", se estableció que salvo en lo relativo a "concesiones" (las cuales, por lo demás, dejaron de existir hace lustros en el país), estas debían ser:

> objeto de regulación especial, en términos tales que otorguen a dichos entes la agilidad y eficiencia suficientes, sin menoscabo de la transparencia de los procesos de contratación y del ejercicio de las funciones de control de los órganos competentes (art. 19).

Aparentemente, a pesar de la redacción de la norma, se trata de un régimen de exclusión total de la aplicación a las contrataciones públicas, por parte de las empresas del Estado, de las disposiciones de la misma "Ley Constitucional", salvo respecto de las concesiones, las cuales, sin embargo, a pesar de su inexistencia en la práctica, sí estarían sujetas a la "Ley Constitucional".

Para tales efectos el régimen aplicable a las empresas del Estado debía estar bajo una "regulación especial", siendo la primera de ellas la contenida en el confuso decreto dictado por el Presidente de la República Nº 3.368 de 12 de abril de 2018, contentivo, a su vez, de otro decreto Nº 44 dictado en el marco Excepción y Emergencia Económica (Decreto Nº 3.239 de 9 de enero de 2018)[73]. En este, en ejecución de la "Ley Constitucional" comentada (art. 19), se estableció un "régimen especial y transitorio para la gestión operativa y administrativa de la industria petrolera nacional", con una "vigencia hasta el 31 de diciembre de 2018, prorrogable por un (1) año" (art. 12), para que "contribuya de manera definitiva al aumento de las capacidades productivas de Petróleos de Venezuela S. A., Pdvsa, sus empresas filiales, y la industria petrolera nacional en general" (art. 1), como si ello pudiera "decretarse".

---

73   Ver en *Gaceta Oficial* N.º 41.376 de 12 de abril de 2018. En cuanto a basarse en el régimen de Estado de Excepción y Emergencia Económica, debe recordarse que, de acuerdo con el artículo 338 de la Constitución, aquel solo puede durar 120 días, aun cuando el que está decretado ya tiene más de dos años y ni siquiera fue aprobado por la Asamblea Nacional.

En todo caso, con ese propósito se reguló un régimen excepcional en el manejo de las empresas del Estado en la industria petrolera nacional, mediante el cual se procedió a ampliar los poderes del Ministerio de Petróleo en relación con la organización, gestión y funcionamiento de las empresas de la industria petrolera.

A tal efecto, el artículo 2 del decreto atribuyó al ministro del Poder Popular de Petróleo, "además de las facultades de control y tutela establecidas en el ordenamiento jurídico", es decir, en la Ley Orgánica de la Administración Pública y en la Ley Orgánica de Hidrocarburos, las más amplias facultades de organización, gestión y administración de las empresas de la industria petrolera del sector público, en especial Petróleos de Venezuela S. A., Pdvsa, y sus empresas filiales, en los términos expuestos en este decreto, detallando al efecto numerosas competencias para ello (art. 3).

En ejercicio de esas competencias puede decirse que se autorizó al ministro del Petróleo para hacer materialmente lo que le viniera en ganas con las empresas de la industria petrolera nacional, incluso "suprimir" a Petróleos de Venezuela S. A. lo que no solo era un soberano disparate, sino que sería violatorio de la Constitución (art. 303).

Como parte del régimen especial se eliminó el proceso de la licitación en la contratación pública por parte de las empresas de la industria petrolera, y con ello se produjo la derogación "oblicua" de la Ley Orgánica que reservó al Estado bienes y servicios conexos con las actividades primarias de hidrocarburos de 2009.

En efecto, entre las decisiones adoptadas en dicho decreto, N.º 3.368 del 12 de abril de 2018, estuvo nada menos que la eliminación, para las contrataciones por parte de Pdvsa y sus empresas filiales, de toda forma de licitación pública, es decir, en la industria petrolera se eliminó toda modalidad de control o selección de contratistas basada en principios de transparencia[74], establecien-

---

74 Como lo observó Rafael Ramírez, responsable directo de la debacle de la industria petrolera: Maduro emitió un decreto ilegal, donde "le da al ministro Quevedo potestades

do en cambio solo dos modalidades de contratación: la consulta de precios y la adjudicación directa.

Y fue precisamente con la previsión de los casos de contratación mediante adjudicación directa que puede decirse que se produjo la privatización de los servicios y bienes conexos con las actividades primarias de la industria petrolera que habían sido nacionalizados en 2009, pero sin que dicha ley se hubiese derogado o modificado, lo que es absolutamente inconstitucional, pues mediante un decreto no se puede reformar una ley orgánica.

Con esta autorización, en efecto, al poder proceder las empresas de la industria petrolera a contratar mediante adjudicación directa todos esos servicios enumerados en la norma, lo que se hizo fue, mediante el decreto 3.368 de 12 de abril de 2018, derogar la Ley Orgánica que reserva al Estado bienes y servicios conexos a las actividades primarias de hidrocarburos[75]. Esta, por su "carácter estratégico", como se ha dicho, en su momento había reservado al Estado "los bienes y servicios, conexos a la realización de las actividades primarias previstas en la Ley Orgánica de Hidrocarburos" (Art. 1).

Al redactor del decreto Nº 3.368 de 12 de abril de 2018, por lo visto, se le "olvidó" que a partir de la entrada en vigencia de la Ley Orgánica de reserva de 2009, las actividades auxiliares y conexas reservadas solo podían ser ejecutadas "directamente por la República; por Petróleos de Venezuela, S. A. (Pdvsa) o de la filial que ésta designe al efecto; o, a través de empresas mixtas, bajo el control de Petróleos de Venezuela, S.A., (Pdvsa) o sus filiales", (Art. 1), excluyendo la posibilidad de que puedan ser ejecutadas por empresas privadas.

---

de modificar los contratos de las Empresas Mixtas con los socios privados". Contratos aprobados por la Asamblea Nacional, de interés público, que deben ser del conocimiento y discusión de los ciudadanos. Pero no, ya no será así, los modificarán las transnacionales de acuerdo con sus intereses. "Por otra parte, el Decreto instruye saltarse, a la torera, itodos los procedimientos de control establecidos en la Administración Pública!". Ver en Rafael Ramírez Carreño, "El problema de Pdvsa está en Miraflores," en *aporrea.org*, 22 de abril de 2018, en https://www.aporrea.org/energia/a262147.html.

75 Ver en *Gaceta Oficial* N.º 39.173 del 7 de mayo de 2009.

Por ello, al establecerse mediante decreto 3.368 normas para la contratación por adjudicación directa con contratistas privados algunos de dichos servicios auxiliares y conexos, estas derogaron tácitamente, y por decreto, la Ley Orgánica de reserva de 2009, lo cual por supuesto es inconstitucional.

El encubrimiento del Gobierno

Las desacertadas decisiones antes analizadas, adoptadas en el campo de la industria petrolera bajo la conducción de Rafael Ramírez como ministro de Energía, Minas y Petróleo, y como presidente de Pdvsa, condujeron a esta a su total destrucción. Luego de esto Ramírez abandonó los despojos que había provocado y pasó a un cargo en el servicio exterior de Venezuela. Una vez que la Asamblea Nacional elegida en diciembre de 2015 se instalara bajo control de la oposición, conforme a sus competencias constitucionales y luego de la inacción absoluta de la previa legislatura ante el descalabro y destrucción de la industria petrolera, el 7 de febrero de 2016, a través de la Comisión Permanente de Contraloría, inició una investigación sobre supuestas irregularidades ocurridas en Pdvsa durante el período comprendido entre los años 2004 y 2014.

A tal efecto, el presidente de esa comisión parlamentaria, diputado Freddy Guevara Cortez, le envió al Sr. Ramírez tres comunicaciones sucesivas. En ellas se le notificó a este que ante la referida comisión cursaban sendas investigaciones en relación con su gestión, instándole a que compareciera ante ella. Se le concedían los plazos necesarios para que presentara en su descargo la documentación pertinente para ejercer su derecho a la defensa[76].

En la primera comunicación, de fecha 5 de abril de 2016, se le informó a Ramírez que en la referida comisión se estaba realizando una investigación "por presuntas irregularidades ocurridas en

---

76   Sobre estos documentos, ver la reseña hecha en la sentencia de la Sala Constitucional del Tribunal Supremo N.º 893 del 25 de octubre de 2016. Disponible en: http://historico.tsj. gob.ve/decisiones/scon/octubre/191316-893-251016-2016-16-0940. HTML.

la empresa Petróleos de Venezuela Sociedad Anónima (Pdvsa), durante el ejercicio de su cargo como presidente de la estatal, en el período comprendido entre los años 2004-2014", solicitándole su comparecencia con el objeto, entre otros aspectos, de que le aclarara al país "cuál fue el uso dado al Patrimonio Público de la Nación por la Empresa insigne de Venezuela, Pdvsa", ofreciéndole la posibilidad de "esclarecer las irregularidades administrativas que se suscitaron en el transcurrir de su gestión como Presidente de Pdvsa".

Se alegaba allí que el rol que "ostentaba durante el período comprendido entre los años 2004 y 2014 no sólo involucraba encabezar la Junta Directiva de una Sociedad, en un sentido más amplio", sino que "su cargo comprendía detentar las directrices de la empresa insigne del país, encargada de recaudar cerca de la totalidad del ingreso de la nación," teniendo una "responsabilidad aún mayor para manifestar cuentas claras y aclarar lo sucedido con el dinero de todos los venezolanos, el cual, sin duda alguna, hubiese evitado esta extenuante crisis".

En la segunda comunicación, fechada el mismo día, 5 de abril de 2016, se le informó al Sr. Ramírez que la misma Comisión Permanente de Contraloría estaba realizando otra investigación, sobre

presuntas irregularidades ocurridas en la empresa Pdvsa durante el ejercicio de su cargo como presidente, en el período comprendido entre los años 2004-2014, vinculadas con el uso indebido del fondo de pensiones de los trabajadores de Pdvsa; irregularidades en el manejo de los recurso destinados al mantenimiento de la refinería Amuay, que ocasionó graves daños en la misma; irregularidades en la administración de fondos que ingresaron en las cuentas de la banca Privada D'Andorra; por perjuicios pecuniarios por la adquisición de títulos y otros instrumentos financieros con fondos de la empresa estatal en el banco Espírito Santo de Portugal; y con irregularidades en la celebración de contratos con Pdvsa.

En la tercera comunicación, de fecha 21 de abril de 2016, igualmente se le informó al Sr. Ramírez que la mencionada Comisión Permanente de Contraloría de la Asamblea Nacional estaba realizando

> investigaciones vinculadas a la adquisición masiva de alimentos importados por parte de la empresa filial Pdval, ente adscrito a la empresa estatal Pdvsa, durante el período comprendido entre los años 2004-2014, años en el cual usted [Rafael Ramírez] ejerció el cargo de presidente.

El investigado, Rafael Ramírez, violando lo establecido tanto en la Ley sobre el Régimen para la Comparecencia de Funcionarios Públicos y los Particulares ante la Asamblea Nacional o sus Comisiones, no compareció ante la Comisión Permanente de la Asamblea Nacional, sino que, con fecha 28 de septiembre de 2016, acudió mediante representante ante la Sala Constitucional del Tribunal Supremo de Justicia, para demandar la nulidad por razones de inconstitucionalidad de la decisión de la Comisión de Contraloría de iniciar la investigación y de las comunicaciones emitidas relacionadas con esta.

Solicitó, además, que se ordenase a la Asamblea Nacional que se abstuviera de "reeditar actuaciones" en su contra, y requirió que la Sala emitiera una medida cautelar innominada de "suspensión inmediata de los efectos de los actos impugnados".

Entre otras cosas debe destacarse que Pdvsa estaba en ese mismo momento en proceso de concluir, sin la autorización de la Asamblea Nacional, un contrato de interés público nacional correspondiente a una enorme operación de financiamiento externo, con prenda sobre acciones de una filial de la industria constituida en el Estado de Delaware (Citgo Corporation)[77]. Por este motivo,

---

77 Dicho contrato efectivamente fue suscrito en octubre de 2016, luego de la suspensión judicial de la investigación sobre la actuación de Ramírez en Pdvsa. Sobre dicho contrato de interés público nacional y sus vicios, por haber carecido de la autorización de la Asamblea Nacional, ver Juan Cristóbal Carmona Borjas, *Derecho y Finanzas. Hidrocarburos y Minerales*. Volumen II: *Actividad Petrolera y Finanzas Públicas en Venezuela*, Caracas,

entre las razones para solicitar la medida de suspensión efecto se contaba que la investigación parlamentaria "podría desencadenar una reacción adversa (...) en los inversionistas, en todos aquellos países a los cuales puede acudir la República para el intercambio de crédito".

Después de declarar su competencia para conocer de la acción de nulidad, en virtud de que se trataba de actos parlamentarios dictados en ejecución directa e inmediata de la Constitución, la Sala Constitucional, mediante sentencia Nº 893 de 25 de octubre de 2016[78], admitió la demanda y, sin más, procedió a decidir sobre la solicitud de medida cautelar que había sido formulada junto con la demanda, estimando que existían:

elementos que sirven de convicción acerca de las lesiones graves o de difícil reparación que se estarían ocasionando a la empresa Petróleos de Venezuela Sociedad Anónima (Pdvsa) e, incluso, contra la República directamente, además de la posible vulneración en los derechos del accionante de autos, ciudadano Rafael Darío Ramírez Carreño; lo que podría desencadenar una reacción adversa en los procedimientos arbitrales que cursan en la actualidad, en los inversionistas, en todos aquellos países a los cuales puede acudir la República para el intercambio de crédito y, en fin, en los diversos actos relacionados con esta materia que interesan a la Nación, a diversos Estados y a la Región, tomando en cuenta la trascendencia de Pdvsa en el orden económico, social y constitucional.

2016, pp. 429 ss.; Román J. Duque Corredor, "Opinión sobre la inconstitucionalidad del Bono Pdvsa 2020", 19 de abril de 2020, pp. 2, 3. Disponible en: https://presidenciave.com/regiones/jurista-roman-j-duque-corredor-respalda-la-inconstitucionalidad-de-los-bonos-pdvsa-2020/. Ver también https://www.acienpol.org.ve/wp-content/uploads/2020/04/Nulidad-de-la-Bonos-2020-de-PDVSA.pdf; y Rafael Badell Madrid, "Contratos de interés público", en *Revista de Derecho Público*, N.º 159-160, julio-diciembre 2019, Editorial Jurídica Venezolana, Caracas, 2020, pp. 11-13. También publicado en Badell & Grau Law Firm Portal, http://www.badellgrau.com/. Disponible en: http://www.badellgrau.com/?pag=205&ct=2592

78   Ver en http://historico.tsj.gob.ve/decisiones/scon/octbre/191316-893-251016-2016-16-0940.HTML. Ver el comentario en Allan R. Brewer-Carías, "El intento fallido de la Asamblea Nacional de ejercer el control político sobre la Administración Pública investigando la actuación de Pdvsa, y su anulación por la Sala Constitucional," en *Revista de Derecho Público*, N.º 147-148, (julio-diciembre 2016), Editorial Jurídica Venezolana, Caracas, 2016, pp. 358-359.

La Constitucional Sala igualmente estimó que se encontraba satisfecha la presunción de buen derecho, ya que, supuestamente, "la gestión de Pdvsa, se encontraba monitoreada permanentemente por todos los órganos de control del Estado", declarando así procedente la medida cautelar solicitada, sin ninguna otra argumentación, por lo que, en consecuencia, decidió que

se suspenden los efectos de la investigación abierta e impulsada desde principios del presente año por la Comisión Permanente de Contraloría de la Asamblea Nacional con relación a supuestas irregularidades ocurridas en la empresa Petróleos de Venezuela, S.A. durante el período comprendido entre los años 2004-2014, expediente signado bajo el N° 1648, incluyendo las actuaciones que al respecto desplegó en la misma los días 17 de febrero y 5 y 21 de abril de 2016; así como también de todos los actos derivados de esa o de cualquier otra investigación relacionada con los pretendidos hechos que haya iniciado durante el presente año o que pretenda comenzar la Asamblea Nacional hasta que culmine el proceso adelantado en razón de la presente demanda; sin menoscabo de la nulidad por inconstitucionalidad de los respectivos actos de la Asamblea Nacional, en razón del desacato que mantiene a la Sala Electoral del Tribunal Supremo de Justicia, declarada por esta Sala en sentencia N° 808/2016, reiterada en la sentencia N° 810 del mismo año. Así se decide.

Y así, pura y simplemente, la Sala Constitucional le cercenó a la Asamblea Nacional su potestad de controlar la actuación de órganos de la Administración Pública, como son las empresas del Estado, incluso de la más importante entre todas ellas, como es Pdvsa, y de investigar las actuaciones de quien había sido su presidente durante el período investigado.

Con esta decisión, en definitiva, como lo afirmó Nicolás Maduro cuatro años después, en diciembre de 2020, su Gobierno protegió a Rafael Ramírez. Maduro confesó que habían cometido con ello "el error garrafal" de encubrir la actuación de Rafael

Ramírez al frente de Pdvsa. Así lo informó el diario *El Nacional* el 4 de diciembre de 2020, en un reportaje titulado:

> Maduro afirmó que encubrió a Ramírez cuando la AN lo acusó de corrupción.
> "Rafael Ramírez encabezaba una mafia de ladrones, de saqueadores de Pdvsa", reconoció el oficialista el jueves durante un encuentro con varios periodistas en Miraflores[79].

En el reportaje de prensa, en el cual también fue publicado el video del encuentro de Maduro con periodistas, se lee lo siguiente:

> Nicolás Maduro afirmó este jueves que encubrió al ex ministro y ex presidente de la estatal Petróleos de Venezuela, Rafael Ramírez, cuando la Asamblea Nacional en 2016 lo acusó de casos de corrupción.
> "Con Rafael Ramírez cometimos un error garrafal. Por allá en la Asamblea Nacional, que nos tocó a nosotros tener mayoría, la oposición sacó un conjunto de denuncias contra él, y nosotros por solidaridad automática lo protegimos", dijo Maduro.
> La Comisión de Contraloría del Parlamento denunció en 2016 que durante la década (2004-2014) en la que Ramírez sirvió como presidente, la corrupción en Pdvsa fue de amplia escala.
> Al ex presidente de la estatal lo responsabilizan por la malversación de unos 11.000 millones de dólares.
> "Rafael Ramírez encabezaba una mafia de ladrones, de saqueadores de Pdvsa", reconoció Maduro[80].

"A confesión de parte, relevo de pruebas", diría un lego.

En su exposición/confesión de encubrimiento, Maduro tuvo unos *lapsus* de carácter temporal, pues aparentemente se le

---

79 Ver en *El Nacional*, 4 de diciembre de 2020, disponible en: https://www.elnacional.com/venezuela/maduro-afirmo-que-encubrio-a-ramirez-cuando-la-an-lo-acuso-de-corrupcion/

80 Ver en https://www.elnacional.com/venezuela/maduro-afirmo-que-encubrio-a-ramirez-cuando-la-an-lo-acuso-de-corrupcion/. Ver sobre ello la respuesta de Rafael Ramírez a Nicolás Maduro, en Rafael Ramírez Carreño, "Maduro, a mí ni me protegiste, ni hubo solidaridad automática", en *Aporrea.org*, 5 de diciembre de 2020, disponible en: www.aporrea.org/actualidad/a297970.html

olvidó que en diciembre de 2015 la oposición había ganado la mayoría en la Asamblea Nacional, razón por la cual desde enero de 2016 su Gobierno perdió la mayoría que antes había tenido en esa institución.

Por ello la Comisión de Contraloría de la Asamblea que inició la investigación en contra de Rafael Ramírez por su actuación en Pdvsa no fue, como erradamente dijo, la que su Gobierno antes había controlado, sino la Comisión de la nueva Asamblea Nacional que ya su Gobierno no controlaba.

El encubrimiento confesado por el Jefe de Estado dado al Sr. Ramírez, por tanto, no fue producto de ninguna decisión política parlamentaria de, supuestamente, abandonar una investigación, sino, más grave aún, provino de otro órgano del Estado que sí permaneció controlado por el Gobierno, a pesar de la pérdida de la mayoría parlamentaria, que ha sido la Sala Constitucional del Tribunal Supremo de Justicia.

Esta institución fue el instrumento mediante el cual el Gobierno encubrió a Ramírez. Como dijo el propio Maduro, "nosotros por solidaridad automática lo protegimos".

Y en efecto así fue, primero con la medida cautelar antes comentada, dictada por la Sala Constitucional del Tribunal Supremo de Justicia mediante la sentencia N.º 893 de 25 de octubre de 2016, y luego, en el mismo juicio, mediante la decisión definitiva del caso adoptada mediante sentencia N.º 88 del 24 de febrero de 2017. En esta, como lo expresó la ONG Acceso a la Justicia, la Sala Constitucional:

> anuló los actos de control e investigación adelantados por la Asamblea Nacional contra Pdvsa por presuntos delitos de corrupción y, adicionalmente, ordenó investigar al diputado Freddy Guevara por el Poder Ciudadano, porque (en opinión de la Sala) podría haber cometido un delito[81].

---

81   Ver en Acceso a la Justicia: "De cómo un diputado pasó de investigador a investigado", 27 de marzo de 2017, disponible en https://accesoalajusticia.org/de-como-un-diputado-paso-de-investigador-a-investigado

La Sala Constitucional, aparte de formular declaraciones fútiles generales sobre los esfuerzos del régimen de supuesta lucha contra la corrupción, lo primero que hizo fue citar las sentencias N.º 7 de 11 de febrero de 2016[82] y N.º 9 de 1 de marzo de 2016[83], mediante las cuales le cercenó el poder de control político parlamentario a la Asamblea Nacional. El "control político parlamentario previsto en los artículos 187.3, 222, 223 y 224 constitucionales se circunscribe en esencia al Ejecutivo Nacional", alegó, buscando excluir absurda e inconstitucionalmente dicho control respecto de los entes descentralizados de la Administración Pública. Añadió a ello que debía impedirse que "ese control afecte el adecuado funcionamiento del Ejecutivo Nacional", imponiéndole inconstitucionalmente a la Asamblea que debía necesariamente coordinar el ejercicio de sus potestades de control "con el Vicepresidente Ejecutivo o Vicepresidenta Ejecutiva, tal como lo impone el artículo 239.5 Constitucional", el cual regula las funciones de dicho Vicepresidente, pero no las de la Asamblea.

Para anular los actos de investigación de la Asamblea Nacional sobre Rafael Ramírez y su actuación en Pdvsa, y así "encubrirlo" por orden del Gobierno, la Sala Constitucional recurrió a dicha "doctrina" considerando que en la investigación se había supuestamente cometido "graves vicios formales y sustanciales de

---

82   Ver en http://historico.tsj.gob.ve/decisiones/scon/febrero/184885-07-11216-2016-16-0117. HTML. Ver los comentarios en Allan R. Brewer-Carías, "El control político de la Asamblea Nacional respecto de los decretos de excepción y su desconocimiento judicial y ejecutivo con ocasión de la emergencia económica decretada en enero de 2016, en VI Congreso de Derecho Procesal Constitucional y IV de Derecho Administrativo, Homenaje al Prof. Carlos Ayala Corao, 10 y 11 noviembre 2016, Funeda, Caracas 2017. pp. 291-336; y "La usurpación definitiva de la función de legislar por el Ejecutivo Nacional y la suspensión de los remanentes poderes de control de la Asamblea con motivo de la declaratoria del estado de excepción y emergencia económica", en *Revista de Derecho Público*, N.º 145-146, enero-junio de 2016, Editorial Jurídica Venezolana, Caracas, 2016, pp. 444-468.

83   Ver en http://historico.tsj.gob.ve/decisiones/scon/marzo/185627-09-1316-2016-16-0153. HTML. Ver los comentarios en Allan R. Brewer-Carías, "El fin del Poder Legislativo: la regulación por el Juez Constitucional del régimen interior y de debates de la Asamblea Nacional, y la sujeción de la función legislativa de la Asamblea a la aprobación previa por parte del Poder Ejecutivo", en *Revista de Derecho Público*, N.º 145-146, (enero-junio de 2015), Editorial Jurídica Venezolana, Caracas 2016, pp. 428-443; y en "El ataque de la Sala Constitucional contra la Asamblea Nacional y su necesaria e ineludible reacción…", en http://www.allanbrewer-carias.com/Content/449725d9-f1cb-474b-8ab2-41efb849fea3/ Content/Brewer.%20El%20ataque%20Sala%20Constitucional%20v.%20Asamblea%20Nacional.%20SentNo.%209%201-3-2016).pdf.

nulidad por inconstitucionalidad". Argumentó que la Comisión de Contraloría no se había sometido, en su investigación, a la coordinación con el Vicepresidente Ejecutivo[84]; indicó además que los actos impugnados de la investigación parlamentaria contrariaban

> de manera sustancial lo señalado por el orden constitucional vigente para el momento en el que fueron dictados, pues no indican de manera suficiente el motivo y alcance preciso y racional de la misma (para garantizar a su vez un proceso con todas las garantías constitucionales)

Pero resulta elemental que el detalle de una investigación parlamentaria está en las miles de páginas de los expedientes que cursan en la Asamblea, para cuya revisión se notifica y cita debidamente al investigado.

Con base en esos infundados argumentos, la Sala concluyó simplemente declarando

> procedente la presente solicitud de nulidad y, en consecuencia, que carecen de validez y eficacia los actos dictados en el marco de la investigación aprobada por la plenaria de la Comisión Permanente de Contraloría de la Asamblea Nacional, el 17 de febrero de 2016, y que se reflejan en las comunicaciones suscritas los días 5 y 21 de abril de 2016 por el presidente de la referida Comisión, con ocasión de supuestas irregularidades ocurridas en la empresa Petróleos de Venezuela Sociedad Anónima (Pdvsa), durante el período comprendido entre los años 2004-2014, en el que el accionante se desempeñó como Presidente de la mencionada persona jurídica.

---

84   Sobre ello, con razón, la ONG Acceso a la Justicia afirmó:
     Esta interpretación indica que la función parlamentaria queda entonces en manos del vicepresidente; lo que no solamente va contra toda lógica (porque la AN puede controlar la labor del mismo vicepresidente, por ejemplo, y sobre todo porque la Constitución establece exactamente todo lo contrario), sino que ignora el principio de separación de poderes establecido claramente en el artículo 136 de la Constitución. Ver Acceso a la Justicia: "De cómo un diputado pasó de investigador a investigado," 27 de marzo de 2017, disponible en https://accesoalajusticia.org/de-como-un-diputado-paso-de-investigador-a-investigado/

La Sala, finalmente, ordenó remitir copia de su sentencia a la "Contraloría General y al Ministerio Público de la República Bolivariana de Venezuela", para que ambas instituciones, "dentro del ámbito de sus competencias, determinen si es procedente o no ordenar el inicio de las investigaciones respectivas, en contra del diputado Freddy Guevara", presidente de la Comisión de Contraloría, que inició la investigación contra el presidente de Pdvsa, Rafael Ramírez, durante el período 2004-2014.

Este fue "encubierto" por el Gobierno, como lo confesó el Jefe del Estado en la época, mediante la sentencia, por el solo hecho de que para garantizarle su derecho a la defensa viajó en misión oficial a Nueva York, donde tenía su residencia, para asegurarse de que recibiría las notificaciones de la investigación iniciada.

CAPÍTULO 5

UN DISCURSO CORRUPTO SE IMPUSO EN PDVSA

Gustavo Coronel

Generalmente asociamos la corrupción con el robo de dinero. Esto es correcto y de ello tenemos muchos ejemplos en Venezuela, pero no debemos olvidar que corrupción es también el uso de los bienes colectivos para el beneficio personal o de un grupo.

Además de la corrupción por robo, durante la etapa de Rafael Ramírez Carreño al frente de Pdvsa se llevaron a cabo numerosos ejemplos de esta variedad de corrupción. Ninguno tan descarado como el del discurso que este personaje dio a la gerencia de la empresa en 2007.

En noviembre de ese año, en presencia de los viceministros de Energía y Petróleo, de la Junta Directiva de la empresa nacional de gas, del presidente de Pequiven, de los gerentes de primera y segunda línea y de los miembros de la Junta Directiva, es decir, Luis Vierma, Vicepresidente; Alejandro Granado Vicepresidente; Asdrúbal Chávez, Director Interno; Eudomario Carruyo Director interno; Eulogio del Pino, Director interno; Déster Rodríguez, Director Interno; Jesús Villanueva, Director Interno; Iván Orellana, Director Externo; Carlos Martínez Mendoza y Bernard Mommer, Directores Externos, Rafael Ramírez Carreño pronunció un discurso que es un claro ejemplo de corrupción administrativa, como ilustraremos de seguidas. Se puede leer completo mediante este enlace: https://lubrio.blogspot.com/2006/11/el-discurso-de-rafael-ramrez-Pdvsa-s.html

Entre otras muchas otras cosas, Ramírez dice allí lo siguiente: "Tantos amigos que están aquí, Edelio, Barrientos, Carlitos, Pedro, Socorrito, Iván... todos, todos, todos... No vamos hablar acá de temas de la empresa, de nada de eso... Venimos aquí a hablar de política...".

Ramírez Carreño nombra a algunos de los asistentes. Le dice claramente a la audiencia que viene a hablar de política, no de la empresa, aunque sea una reunión de Pdvsa. Se trata de un mitin político en el seno de Pdvsa. Esto constituye un caso de corrupción en grado superlativo. La empresa debía ser profesional, apolítica, eficiente, y atender solamente las tareas medulares que le habían sido encomendadas por la nación. Continuó así Ramírez Carreño:

> nos llegan allá, al seno de la Junta, nos empiezan a llegar correos electrónicos, nos comienzan a llegar notas internas, nos comienza a llegar, que si la normativa tal, que si la normativa cual, que si el color rojo o no rojo... A ningún gerente, a ningún funcionario público del Ministerio de Energía y Petróleo, a nadie de ninguna nómina, a nadie de nuestros componentes militares, a nadie de las reservas, a nadie de nadie que esté aquí, en la Nueva Pdvsa, le quede una pizca de duda que la Nueva Pdvsa está con el presidente Chávez (aplausos)... Nosotros tenemos que decir claramente, como ustedes me han venido escuchando en las áreas... que la Nueva Pdvsa es roja, rojita de arriba a abajo (aplausos)...

Estas palabras representan un asalto a Pdvsa, una empresa de la nación. Esta indigna arenga está al servicio de un hombre: Hugo Chávez. Ello representa una traición por parte de Ramírez Carreño a su deber gerencial de manejar la empresa para el beneficio de la nación, y no ponerla al servicio de una causa política.

"No es el momento, compañeros –les advierte–, no es el momento para que ahora nosotros nos comportemos como lo hace un gerente petrolero más, o peor aún, como un gerente petrolero que nos recuerde la vieja Pdvsa".

Ramírez Carreño pide a la gerencia de Pdvsa no comportarse como gerentes, y mucho menos como los gerentes meritocráticos, responsables y profesionales de la Pdvsa pre-Chávez. Se trata, claramente, de un acto de prostitución de la empresa. Estas frases del pseudo-gerente evidencian su ínfima calidad profesional, su naturaleza bucanera, contraria a lo que un gerente debe ser. En ese momento quienes estaban allí y no se levantaron y se fueron del recinto se convirtieron en cómplices de este acto de corrupción.

Prosiguió Ramírez Carreño:

Es un crimen, es un acto contrarrevolucionario, que algún gerente aquí pretenda frenar la expresión política de nuestros trabajadores... Aquí estamos apoyando a Chávez... que es el líder máximo de esta Revolución. Y vamos a hacer todo lo que tengamos que hacer para apoyar a nuestro Presidente. Y el que no se sienta cómodo con esa orientación, es necesario que le ceda su puesto a un bolivariano. (Aclamación. ¡Uh! Ah!, ¡Chávez no se va!)... Y que se levanten, incluso, contra cualquier gerente que pretenda congelar esta pasión y que pretenda frenar este acuerdo. Aquí, dentro de Pdvsa, a Chávez no lo para nadie. Y aquí, dentro de Pdvsa, debe estar bien claro que esta nueva Pdvsa que nació al calor de la derrota del sabotaje petrolero es bolivariana, es roja y está resteada con Chávez.

Ramírez Carreño le dice a Pdvsa y a todos los venezolanos, con total descaro, que la empresa es de Chávez. Y que ningún gerente puede pretender que Pdvsa sea apolítica. Quien lo pretenda debe ser desconocido por el resto de los gerentes. Esto configura un acto de extorsión: o te cuadras o te vas. Este es un acto de traición a la empresa y al país. Todos los estaban allí se prostituyeron al oír en silencio estas palabras. Seguidas por estas:

Que aquí no queden dudas, ni haya sorpresas cuando nosotros tomemos las acciones que tengamos que tomar, para alinear la fuerza de esta empresa en defensa de los intereses supremos de nuestro pueblo... Nosotros tuvimos que remover una persona: el hombre de un área operativa nuestra, entonces permite que el candidato Rosales aterrice y transite en el medio de nuestras áreas. Coño, ¿pero qué vaina es esa? dijimos nosotros, ¿qué pasa aquí?, ¿es que aquí se volvieron locos?, ¿es que es verdad entonces que tenemos infiltraciones de los escuálidos, de los enemigos de esta revolución?

Ramírez Carreño no dejaba dudas de que Pdvsa se había convertido en territorio chavista. Ya no era de la nación. Peor aún, anuncia actos de fuerza para favorecer a Chávez. Pdvsa entregaba activos, capital, la voluntad de la gerencia, todo, a un hombre que era, a su vez, un instrumento de la Cuba castrista. Pdvsa se convertía en la entidad financiera de una cleptocracia regional que abarcaba a Cuba, Bolivia, Nicaragua, Argentina, el Brasil de Lula y Venezuela, con intentos de lograr el poder en México y Perú. Se vería más tarde que todos los miembros de esa cleptocracia serían enjuiciados e identificados como ladrones o narcotraficantes.

Seguidamente Ramírez Carreño manifiesta que:

Nosotros sacamos de esta empresa a diecinueve mil quinientos enemigos de este país y estamos dispuestos a seguirlo haciendo para garantizar que esta empresa esté alineada... [con] nuestro Presidente (aplausos)... Aquí al que se le olvide que estamos en medio de una revolución, se lo vamos a recordar a carajazos, pero aquí esta empresa está con el Presidente (aclamación).

Aquí Ramírez Carreño se quita definitivamente la careta de gerente, la cual nunca le cuadró, y habla como matón de barrio. Hay que sacar a cualquier gerente honesto y digno "a carajazos", dice. No solo se revela como un gerente traidor sino que exhibe una personalidad de portero de burdel y se muestra dispuesto a botar a quienes no se rebajen a su nivel. Tuvo mucho éxito con quienes allí se encontraban porque todos permanecieron en cobarde silencio.

Ramírez Carreño entonces dirige a la audiencia una sorprendente pregunta: "¿Qué creen, que ahora nosotros nos convertimos en unos gerentes?".

Este mal venezolano y traidor a su deber como gerente del sector público se avergonzaba públicamente de ser confundido con un gerente. Esto es comprensible, porque un delincuente resiente a los honestos. Un criminal odia a los inocentes. "¿Gerente yo?", se preguntaba Ramírez Carreño. "¡Nooooo, yo soy un chavista!".

Ramírez está en el más bajo escalón moral

El discurso arriba comentado coloca a Rafael Ramírez Carreño en el nivel más bajo de desarrollo moral en la escala de Kohlberg. Este prestigioso psicólogo estadounidense formuló una teoría de etapas de desarrollo moral, en la cual distinguió seis niveles, los cuales van desde la etapa uno, de desarrollo moral incipiente, en el cual el sujeto solo considera mala aquella acción que le puede causar un castigo, hasta la etapa seis, en la cual la conducta de la persona se rige por su apego a principios morales universales.

Rafael Ramírez Carreño encaja perfectamente en la etapa uno, la cual se caracteriza por un comportamiento que solo depende de la aprobación de un personaje poderoso que le dicta lo que debe hacer. Este es el caso de los animales, de los niños y de los servidores de tiranos. En el caso de Ramírez Carreño su único juez era Hugo Chávez, y obedecerlo significaba asegurarse su aprobación y sus recompensas, sin que su conciencia fuese interferida por consideraciones éticas y morales impersonales y de aplicación universal. Lo anterior explica los abusos de poder, las violaciones al código ético empresarial y el uso arbitrario de los recursos de la nación como si fueran propios. El resultado está a la vista.

Miguel José Lara Guarenas
José Gregorio Aguilar Suárez

Transcurría el último trimestre de 2001 y, a efectos del embalse de Guri, se consideraba finalizado el período correspondiente a la época de lluvias. Estaba previsto que ese año sería el de menor aporte promedio del río Caroní al embalse de Guri, según la historia de registros existentes desde 1950. Efectivamente así sucedió.

Esa hidrología desfavorable, junto con otras situaciones igualmente adversas para el Sistema Eléctrico Venezolano (SEV), sembraron la semilla de la insuficiencia eléctrica, la cual germinó gracias al abono de decisiones conscientemente erradas hasta crecer y convertirse en la crisis eléctrica que azota al país.

Desde que Hugo Chávez asumió la Presidencia de Venezuela, en 1999, las decisiones políticas que emanaban de su Gobierno incidieron negativamente sobre el sector eléctrico por ser contrarias a lo que se requería para solventar los problemas que este presentaba. Esas decisiones terminaban profundizándolos, como en el caso de la generación del tipo térmico, especialmente la que era propiedad de Cadafe, que se dejó deteriorar aceleradamente, en lugar de ser recuperada, con lo cual se disminuyó el soporte térmico del Sistema Eléctrico Venezolano ante hidrologías desfavorables.

En este escenario de incipiente déficit energético y en presencia de una indisponibilidad total de la mayor central termoeléctrica del país (Planta Centro con 2000 MW de capacidad nominal instalada), ocurrida el 12 de noviembre de 2001, la Oficina de Operación de Sistemas Interconectados (Opsis), cumpliendo con la responsabilidad que le asignaba el Contrato de Interconexión, firmado por Cadafe, Edelca, Elecar y Enelven, ordenó un racionamiento de 200 MW en áreas de Cadafe para contrarrestar dicha indisponibilidad.

Esta acción técnica, ajustada a las normas y procedimientos vigentes para la operación segura del Sistema Interconectado Nacional (SIN), ocasionó una respuesta escrita, de fecha 15 de noviembre de 2001, inusual e inesperada, por parte del Ministerio de Energía y Minas, en la cual este le quitaba a Opsis la autoridad de ejecutar esa acción técnica y ese ministerio, sin capacidad técnica para realizarla, se arrogaba y asumía esa potestad, colocando desde ese momento al SIN en permanente riesgo ante situaciones que solo la Opsis estaba en capacidad de manejar apropiadamente.

Binomio Ramírez-Villalobos planifica la emergencia eléctrica
En julio de 2002 Rafael Ramírez es designado ministro de Energía y Minas (MEM). Desde allí aprovechó el incipiente déficit para planificar y consolidar la emergencia eléctrica que le permitiría, junto con su red de cómplices, apropiarse de manera inescrupulosa de ingentes cantidades de dineros públicos.

Ramírez comienza por rodearse de Nervis Villalobos, designándole como su viceministro de Electricidad, a sabiendas de que Villalobos, en comisión de servicio en el MEM, bajo las órdenes de José Luis Pacheco, el funcionario que envió la carta a Opsis en el 2001, venía actuando como secretario de la Comisión Presidencial para atender el "potencial" déficit de electricidad. Esta comisión fue creada por Hugo Chávez por decreto 1719, publicado en *Gaceta Oficial* N.º 37411 de fecha 25/03/2002, presidida por José Vicente Rangel e integrada por una buena parte de su cuerpo ministerial.

En esa posición, Nervis Villalobos conocía las correspondencias que el sector eléctrico le había enviado, tanto al MEM como a la comisión presidencial, así como las acciones recomendadas y que deberían tomarse para solventar el déficit eléctrico que se vislumbraba. Por tanto, muy especialmente, sabía cuáles eran las acciones que podrían convertir ese potencial déficit en la emergencia eléctrica.

Con ese conocimiento, el dueto Ramírez-Villalobos, ahora como cabezas del MEM, en lugar de propiciar la recuperación del parque de generación térmico, hacen lo contrario y abusando de la hidroelectricidad llevan los embalses a condiciones de riesgo, impulsando así la emergencia eléctrica que les servirá de plataforma para el entramado de negociados y corrupción que implantarán en el sector.

Un hecho que evidencia la intencionalidad de usar la crisis eléctrica para hacer negocios es que, en abril de 2003, a finales de la época seca, en el primer intento de negociado eléctrico del binomio, el MEM envía correspondencia a la Opsis manifestando la decisión de traer generación alquilada para, supuestamente, amortiguar la caída del nivel del embalse de Guri.

Opsis les responde que, ante la proximidad del inicio de la época de lluvias y por el tiempo que tomaría disponer de esa generación alquilada, esta tendría un impacto irrelevante sobre la cota de Guri pues, a esas alturas del año, la recuperación del embalse ya solo dependía de la llegada de las lluvias. La Opsis recomienda al MEM que los dineros que considere usar para alquilar generación los debería destinar para lo que se requiere: recuperar el parque térmico de Cadafe, principalmente Planta Centro.

Sin embargo, el MEM insiste en la negociación y a principios de mayo, tan solo un par de semanas después, nuevamente envía correspondencia a la Opsis insistiendo en el alquiler de generación para ayudar a la generación térmica. Opsis le indica que los aportes del río Caroní han aumentado, por lo que se ha detenido la caída del embalse e iniciado su recuperación, y le indica que adicionalmente, en pocos días, comenzarán a entrar en servicio las primeras unidades de Caruachi, que permitirán la recuperación del embalse y darán una ventana de tiempo de tres años. La Opsis le reitera al MEM de Ramírez la necesidad de recuperar el parque térmico de soporte, acción que, bajo el guion del binomio, no llega a ejecutarse.

Otra acción inicial de Ramírez como ministro, orientada a asumir el control del sector, fue la congelación indefinida del pliego tarifario del 2002, eliminando así cualquier aumento o ajuste de tarifa, con lo cual colocaba a las empresas privadas en una situación de estrangulamiento y asfixia económica, forzando su venta al Estado venezolano. De esa manera procuraba fortalecer su plan de concentrar y poner todo el sector bajo la tutela del MEM. Eso le permitiría construir con sus allegados la red de complicidades que derivó posteriormente en una trama de corrupción que se apropiaría de los dineros destinados al sector.

La doctrina Ramírez: el casino eléctrico

En su plan para crear la emergencia eléctrica, que le daría luz verde para manejar el sector discrecionalmente, Ramírez no solo permitió que se profundizara el deterioro del parque térmico, sino que ordenó usar al máximo la hidroelectricidad de Guri, sin importar el riesgo que ese abuso representaba, señalando que dicho abuso era necesario para evitar racionamientos que dañaban la imagen del proceso revolucionario y que por tanto se debía mantener una carátula de normalidad, inexistente, en el suministro eléctrico.

Su plan se basaba en exceder, sin reparos, los niveles de transferencia desde Guayana hacia el centro del país, convirtiendo la operación del sistema eléctrico en una especie de ¡centro de apuestas!; ¡un casino! Algo, por cierto, muy monegasco.

Su primera apuesta, para que el SEV colapsara, consistía en que sabían que si no llovía abundantemente las probabilidades de que el embalse de Guri llegara a la cota de 240 msnm, que obligaría a la parada de 8 de sus unidades de mayor capacidad, se incrementaba (el nivel del embalse llegó a la cota 244.55 msnm en 2003) y con ello la probabilidad de tener racionamientos de 40% de la demanda eléctrica.

La otra apuesta era la ocurrencia de una falla en alguna de las líneas del sistema de transmisión a 765 kV, excediendo el valor límite de transmisión. El binomio sabía que, al ocurrir una falla en esa condición, esta ocasionaría un apagón a gran escala. Ambas eran apuestas innecesarias, de alto riesgo y sin sentido técnico, pero eran propicias y convenientes para su plan de negocios.

Ante estas irregularidades, diariamente la Opsis alertaba al MEM, vía fax, tanto de la evolución de la situación del déficit energético con la riesgosa caída del nivel del embalse de Guri, como sobre las consecuencias sobre el sistema eléctrico que tenía operar el SEV excediendo los límites de transmisión, y cada día la respuesta del MEM era "la doctrina Ramírez": la apuesta irresponsable de seguir violando los límites de transmisión, seguir abusando del embalse y no racionar. De esa manera el manejo del sector se iba convirtiendo en lo más parecido a un casino eléctrico, en el cual los perdedores serían los usuarios del servicio.

Esa doctrina se hizo costumbre y es la responsable de la casi totalidad de los apagones a escala nacional, desde el 2004 en adelante, e igualmente es la que ha llevado a la sobreexplotación de los embalses de nuestras centrales hidroeléctricas, causando daño al SEV y a los usuarios pero dando beneficio a Ramírez y su cuadrilla de funcionarios inescrupulosos.

La purga y la plataforma de corrupción
La llegada de las lluvias en 2003 y la incorporación sucesiva de unidades en Caruachi dan respiro ante la incipiente crisis eléctrica. De modo que los negociados, amparados en la emergencia eléctrica, se ven diferidos, no así las intenciones de inducir la emergencia y usarla como plataforma de dichos negociados. Entonces Ramírez designa a Villalobos como presidente de Cadafe, a pesar de que este funcionario había sido cuestionado por manejos irregulares de un dinero asignado al MEM para una campaña publicitaria, que nunca se dio, pero los dineros (Bs 11 mil millones equivalentes a US$ 10 millones) desaparecieron.

Llega 2004 y millones de ciudadanos venezolanos, ejerciendo un derecho constitucional y convencidos de que la única vía para que Venezuela no se hunda en el abismo es salir del chavismo, activan el referendo revocatorio a Hugo Chávez. Los firmantes aparecen en la infame, por discriminatoria y fascista, lista Tascón, la cual es usada por el binomio Ramírez-Villalobos para despedir a todo aquel funcionario que en el sector energético ejerció ese derecho. Con esa purga el binomio allana el camino para terminar de asumir el control absoluto del sector y llevar a cabo el asalto al tesoro nacional, vía compras compulsivas, inconvenientes, sobrevenidas y con sobreprecios inauditos.

En el sector eléctrico, por haber firmado el revocatorio, el binomio Ramírez-Villalobos, junto a sus cómplices, despidieron y expulsaron a miles de funcionarios de todo nivel, incluidos compañeros de trabajo, colegas y hasta ex amigos de Villalobos en Enelven y Cadafe.

En la Opsis la firma del revocatorio fue el argumento usado para apartar del cargo a su gerente general y colocar en su lugar una persona al servicio del binomio (María Gabriela González Urbaneja). Con la purga ejecutada, tanto las empresas como esa oficina técnica pasaron a estar bajo el control total del MEM hasta su definitiva y posterior eliminación. De esa forma, funcionarios formados bajo el principio de la meritocracia y la ética no seguirían objetando ni obstaculizando sus negociados.

En ese lapso, en lugar de dedicarse a recuperar el sector termoeléctrico venezolano, Ramírez inicia un circo de regalos de equipamiento eléctrico a otros países: Cuba, Nicaragua, Bolivia, Haití, Jamaica, Granada, Antigua, Barbuda, Belice, San Vicente y Las Granadinas, San Cristóbal y Nieves, Saint Lucie, Surinam, etc., entre otros.

En 2006, cuando el respiro que representó Caruachi llega a su fin y el SIN entra nuevamente en situación deficitaria, se inicia la llamada revolución energética con el festín de la generación distribuida, que consistía en cientos de planticas inconvenientes y usadas que no servían para el problema existente. También se adquirieron millones de bombillos a China y Vietnam para ser usados, una parte en Venezuela, y otra para regalarlos a Bolivia y hasta a EE. UU.

Ya en 2007 culmina el proceso de estatización de las pocas empresas privadas que aún resistían el congelamiento tarifario, y con la compra de EDC AES y la creación de Corpoelec, el binomio crea una plataforma de corrupción sin parangón en el sector eléctrico, nombrando presidente de la recién estatizada EDC AES a otro socio afecto al binomio: Javier Alvarado Ochoa.

Una crisis eléctrica *ex profeso*

El 2007 se inicia, en firme, el "no hay vuelta atrás" para sumergir el Sector Eléctrico Venezolano en la emergencia permanente, aun cuando el SEV todavía tiene mucha fortaleza producto del remanente de su excelente ingeniería y construcción. La "doctrina Ramírez" se aplica con mayor rigor para socavarlo electromecánicamente y la termoelectricidad se desatiende aún más, acentuando su desgaste. En 2009 llega la emergencia eléctrica deseada y con ella los socios necesarios prefabricados a su medida: Derwick Associates.

Las investigaciones sobre la empresa Derwick Associates y su socio ProEnergy revelan que tan temprano como en abril de 2008 el régimen trabaja en una iniciativa llamada "Proyecto crisis eléctrica". Si bien es cierto que a partir de 2007 comienzan a presentarse grandes apagones en Venezuela, a causa de la aplicación de la "doctrina Ramírez", la hidrología fue tan favorable en la cuenca del río Caroní que muy a su pesar el Guri tuvo que aliviar. Otros hallazgos en las investigaciones sobre ProEnergy-Derwick Associates dejan en claro la intencionalidad de un "Proyecto crisis eléctrica".

Por un lado, el "Proyecto crisis eléctrica" es usado como el soporte para ubicar, antes del decreto de la emergencia eléctrica, equipos termoeléctricos a granel, suficientes para crear una expectativa de "pseudo necesidad" en el mercado internacional de estos equipos.

Por otro lado, la existencia de un *print-out* con datos del modelo predictivo para hidrologías y uso del embalse de Guri, confirma que todos estos socios conocían, suficientemente, sobre la ocurrencia, la magnitud y la potencial duración de una contracción hidrológica en los caudales de aportes del río Caroní al embalse de Guri, entre los años 2009 y 2010, como ciertamente ocurrió, y también sabían lo que eso representaría negativamente para el país y positivamente para sus negociados.

Venezuela contaba con suficiente generación termoeléctrica instalada para soportar bajas hidrologías que impactaran negativamente el embalse de Guri y las centrales aguas abajo (Caruachi y Macagua). Se disponía de suficientes recursos y del tiempo de ejecución para evitar perder el margen de maniobra del embalse de Guri y los severos racionamientos que se ordenaron desde el 25 de diciembre de 2009 hasta el 10 de junio de 2010. Sin embargo ellos, el binomio, impulsaron algo que era dañino para el país pero bueno para su plan de negocios.

El juego del *insider trading*

Aunque en 2007 el país ya sospechaba que algo no andaba bien con el SEV, por los reiterados grandes apagones, el ciudadano común desconocía la gran crisis eléctrica que amenazaba su horizonte, y aun cuando analistas técnicos lo advirtieron desde años atrás, la maquinaria mediática del régimen lo ocultaba y manipulaba a la opinión pública.

Lo que ejecutan realmente es un delito que en el campo financiero se conoce como *insider trading*. Esto ocurre cuando agentes inescrupulosos actúan, con base en información privilegiada, para obtener un beneficio económico, sin que dicha información sea del conocimiento del común y grueso de los inversionistas.

Ramírez y su combo juegan así su *insider trading* en el campo energético y el asalto financiero que terminan perpetrando contra el tesoro de la nación es colosal.

Si en enero de 2009 se recuperaban tan solo mil MW térmicos de los que estaban parados, el embalse de Guri no habría perdido 7,5 metros adicionales en su nivel y no habría sido necesario someter al país a un daño económico valuado en US$ 14,3 millardos, en términos del impacto en el PIB, solo en relación con ese incidente inducido.

Reparar mil MW requería menos de US$ 150 millones y, aunque ya eran conocidas las altas probabilidades de la duración e intensidad de la contracción hidrológica que se podía presentar, no se tomaron las acciones pertinentes del caso, porque el plan era escalar el nivel de la "doctrina Ramírez" para "hacer negocios", es decir, para monetizar la crisis inducida. Esta sería usufructuada por una red de personas sin escrúpulos, con Rafael Ramírez a la cabeza, y así sucedió.

Se rompe la piñata eléctrica

Durante 2008 y 2009, en el preámbulo de la emergencia eléctrica, se armaron los "negocios" iniciales por más de US$ 15 millardos para instalar "15 mil MW nuevos". En realidad fueron pocos los nuevos, y aun así terminaron costando a la nación mucho más que la cifra anunciada.

La mayoría eran termoeléctricos (12 mil 301 MW) y solo 2 mil 699 MW hidroeléctricos. El sobreprecio de este lote inicial superó los US$ 26 millardos, de lo que es conocido, pues hay muchos montos todavía en totalización. Solo será posible conocerlos en una Venezuela libre y cuando se logre realizar lo que el ingeniero Víctor Poleo ha denominado el "Núremberg eléctrico" en Venezuela, un juicio ejemplarizante para los ladrones de los dineros eléctricos, entre otros, y que devuelva la decencia al país.

Tan grande fue la piñata y la repartición de los 15 mil MW anunciados para la nación, que otras dos estatales, distintas de la estatal eléctrica (12 mil 770 MW), se unieron al festín a dedo: Sidor, con una planta inconveniente por innecesaria, de 880 MW, y el proyecto de Autosuficiencia de Pdvsa con 1350 MW, también de equipos inapropiados.

Todo fue ejecutado bajo "Memorándums de entendimiento y convenios de confidencialidad, no divulgación y no deslealtad", con el añadido de que si surgía cualquier inconveniente, este "sería resuelto de la manera más amigable posible entre los máximos funcionarios de las partes". Entre delincuentes los delitos se mantienen en el bajo mundo.

La autosuficiencia de generación en Pdvsa aceleró el deterioro electromecánico de las unidades de Corpoelec, ya que Pdvsa hacía uso preferencial de gas para sus unidades, ocasionando una operación ruinosa de las unidades de Corpoelec, por tener que utilizar más combustibles líquidos.

Las asignaciones se hicieron de manera amañada, evitando en todo momento la vía normal del proceso licitatorio, porque no se buscaba obtener la mejor relación costo-beneficio con miras a disminuir el costo, sino aplicar la parte II de la "doctrina Ramírez": quien oferte más caro y, por consiguiente, deje mayores comisiones, será quien resulte favorecido.

Venezuela pasó de tener los MW hidroeléctricos más baratos del mundo (US$ 1,1 millones/MW en el bajo Caroní) al más costoso, con Tocoma (US$ 5 millones/MW sin que hasta ahora haya aportado ni para alumbrar un bombillo). En cuanto a plantas térmicas, el proyecto de Bachaquero (520 MW) se lleva los honores de la corrupción con US$ 5,76 millones/MW, con el común denominador de que tampoco ha alumbrado un bombillo. Además, la expansión térmica se apresuró sin los combustibles requeridos y en muchos casos sin la transmisión requerida para evacuar la generación que se compraba.

La norma de más de 46 proyectos analizados es que terminaron costando de dos a tres veces lo que deberían costar si fuesen resultado de un proceso transparente y utilizando estándares internacionales del rubro.

Se aplica barniz sobre el plan de negocios
Luego de que los socios concertaron las adquisiciones y su respectiva lluvia de contratos a dedo, faltaban dos cosas, una campaña mediática y un andamiaje legal. La fauna (el rabipelado, la iguana, los zamuros, etc.) y eventos ambientales (El Niño, la vegetación, incendios, lluvias, vientos huracanados, rayos, etc.) fueron las justificaciones iniciales ante el creciente número de apagones causados por la doctrina Ramírez. Cuando esas excusas revelaron su falsedad y se convirtieron en motivo de burla apareció el sabotaje, sin rostro, que permaneció por un tiempo hasta que emergió la última excusa: los ataques cibernéticos-electromagnéticos.

Un supuesto exceso de demanda, calificar a los usuarios de derrochadores y el fenómeno climatológico El Niño fueron los motivos para justificar los racionamientos ordenados por el régimen chavista. Pero la realidad que pretendían ocultar era esta: la explotación desmedida de los embalses de acuerdo con el plan fraguado bajo la doctrina Ramírez.

Los enormes volúmenes de agua descargados en los últimos tres años por los aliviaderos de las centrales del Bajo Caroní y la drástica caída de la demanda dejaron al descubierto la falsedad de esas excusas, no eran más que mentiras mediáticas.

Las fortunas en cuentas bancarias y la gran cantidad de bienes inmuebles y de empresas de lavado de dinero confirman la trama de corrupción, urdida bajo la emergencia inducida intencionalmente, que tenía el propósito de asaltar el tesoro nacional.

Necesitaban aplicar un barniz legal para enmascarar su trama de corrupción. Así fue como se urdió el Primer Decreto de Emergencia Eléctrica, del 6 de febrero de 2010, que justificaba, a posteriori, todo lo adelantado y suscrito en los dos años precedentes. Otro parapeto creado con ese propósito fue el llamado "Estado Mayor Eléctrico", concebido para dar una ilusión de actividad, pero sin logros tangibles.

Se sucedieron decretos de Emergencia, Estados Mayores Eléctricos y Misiones sin parar, pero no para detener la ampliación y profundización del deterioro del SEV, sino para sustentar el mayor despilfarro de recursos del Tesoro de la Nación en un solo ítem, la electricidad de los venezolanos. En la estela quedaron inconclusos 14 ciclos combinados, Tocoma, para un total de 4 mil 851 MW ofrecidos y no cumplidos.

Aun peor: esos ciclos quedaron en condición indeterminada de rezago, pues el dinero se acabó y se requieren muchos dineros frescos para completarlos, sin contar miles de millones de US$ en deudas conocidas, monto que seguramente se incrementará con otras que falta conocer. Este cúmulo de deudas será otro gran obstáculo que habrá que superar para la recuperación del SEV, y tendrán que ser renegociadas.

Bajo la crisis inducida fueron compradas muchas máquinas usadas de manera especulativa. Se pagó por ellas precios tan altos que ningún fabricante en el mundo podría pedir para sus mejores equipos en condición de nuevos.

Es decir, se barnizó así un gigantesco fraude contra toda una nación, llevándola al borde de la oscurana e incrementando el deterioro de la calidad de vida de su población a niveles nunca vistos.

Aparecen los bolichicos (Derwick Associates)

Se ha escrito mucho sobre los llamados bolichicos y su participación en la "piñata eléctrica". Actualmente hay evidencias que corroboran dos narrativas: una es conocida y otra está por conocer.

De acuerdo con la narrativa conocida "los bolichicos" obtuvieron a dedo una serie específica de proyectos, todos con sobreprecios y sin argumentos técnico-económicos que justificaran las adjudicaciones. No contaban con una "empresa calificada" en el mundo eléctrico y se cometieron graves irregularidades administrativas en el proceso.

Dichos proyectos, amañados y con sobreprecio, ponen en evidencia la relación de la empresa ProEnergy con Derwick Associates. Los "documentos conocidos" prueban la relación entre ProEnergy y Derwick Associates, que se resume en que los últimos no hubiesen logrado sus cometidos sin los primeros, y que ambos jugaron al sobreprecio en perjuicio de la nación, donde la última palabra la tenía siempre Derwick Associates.

Abundan ejemplos donde esta última recibía una factura y en cuestión de horas la inflaba de manera desmesurada solo con cambiar de logotipo y remitirla a Corpoelec. A partir de las informaciones examinadas se deduce que podría haber dineros no reportados por encima de los US$ 3 millardos. Asimismo, 306 MW en las plantas de Sidor y La Raisa quedaron inconclusos pero fueron cobrados en un 100%.

Otra irregularidad atribuida a esa relación es conocida como *material mis-representation*: se emite documentación donde una empresa indica que es dueña de un equipo que quiere vender, pero en realidad aún no tiene la propiedad de ese equipo. El objetivo es obtener anticipos de la empresa del Estado al que quiere vender el equipo, para entonces proceder a adquirirlo y, luego de armada la compra-venta, hacer el *back fit* del "papeleo".

Uno de los cómplices de Rafael Ramírez fue Javier Alvarado Ochoa, no solo en la filial eléctrica de Corpoelec, la antigua Elecar, sino también como presidente de la filial de Pdvsa-Bariven, encargada de todas las compras. Varios empleados de ambas filiales han sido imputados en el exterior y están presos por sobornos y delitos contra Pdvsa. No casualmente son los mismos que manejaron compras para la industria eléctrica. El nepotismo tampoco se puede dejar de mencionar: el hijo de Alvarado Ochoa fue el oficial en jefe de las finanzas (CFO) de Derwick Associates.

De la narrativa poco conocida y por conocer

Hay más dineros, más máquinas que no se han reportado y existen evidencias de que "los bolichicos" se siguieron beneficiando del tesoro de los venezolanos con contratos relacionados con el suministro de máquinas eléctricas. También se sabe que sus negociados con los dineros mal habidos van más allá de la "Emergencia Eléctrica 2008-2010", que los colocó en la palestra como proveedores.

Sobre los bolichicos se puede afirmar, objetivamente, que tal vez ellos no sean los peores actores en la corrupción eléctrica de Venezuela, pero, por varias razones, de ellos es de quien más se ha obtenido documentación sujeta al escrutinio. Por otra parte, no solo se trata de los montos saqueados, sino de conocer el *know how,* es decir, lo que en el lenguaje coloquial venezolano se conoce como la receta de los "guisos".

El tema de los bolichicos y Rafael Ramírez seguramente dará mucha tela para cortar y analizar en el futuro, por el elaborado entramado construido en conjunto para perjuicio del país.

¿Intocables?

La trama de negociados y los ejemplos citados indican el déficit ético y moral que crea la ausencia de institucionalidad y su red de complicidades en perjuicio de la sociedad. Esas carencias institucionales permiten que, a la fecha, tanto Rafael Darío Ramírez Carreño como sus cómplices y socios, los bolichicos, al menos nacionalmente, tengan una cierta aura de "intocables".

Las autoridades nacionales, a quienes les correspondería investigar y actuar, no lo han hecho, y la justicia que hasta ahora se viene aplicando proviene del extranjero. ¿Por qué? Esta es una pregunta que podría tener una respuesta sorprendente, por el alcance y los involucrados en el entramado de corrupción.

CAPÍTULO 7

LA CRISIS DEL SECTOR ENERGÉTICO Y SUS RESPONSABLES

Nelson Hernández

Después de ser un país con un futuro prometedor, Venezuela entró al siglo XXI en decadencia. Tenía destruidos o amenazados todos los pilares que sustentan a una nación moderna y democrática con soberanía integral: energía, salud, educación, seguridad jurídica, ecológica, alimentaria, económica y social. La ausencia de esta seguridad ha convertido a Venezuela en un Estado fallido[1], con las consecuencias que esto acarrea.

Esta "falla" del Estado Venezolano no es producto del azar. Obedece a una "franquicia" ya establecida en Cuba (sometida a 60 años de dominio). Una vez caído el Muro de Berlín, los comunistas, progres, etc., crean el Foro de São Paulo (junio de 1990) con el objeto de combatir el neoliberalismo, creciente en Latinoamérica. La franquicia había sido mejorada; ahora instituye la obtención del poder por la vía democrática y no por el uso de las armas.

Muchos se preguntarán: ¿por qué Venezuela? La respuesta tiene diferentes aristas. Una podría ser que la democracia venezolana, que pasaba por un período de decadencia en los 90, ofrecía una oportunidad para imponer los objetivos del Foro, ocasión que no se podía desaprovechar. Dominar a Venezuela, por sus recursos, sobre todo el petróleo, daría fortaleza económica a la expansión de la franquicia hacia el resto de Latinoamérica, como de hecho ocurrió. Es decir, el petróleo venezolano y sus ingresos serían utilizados como arma política y para la compra de conciencias.

El régimen cubano (¿o el comunismo internacional?) desde

---

1   Un Estado fallido se caracteriza por un fracaso social, político y económico. Tiene un gobierno débil o ineficaz, con poco control sobre vastas regiones de su territorio, no provee ni puede proveer servicios básicos, presenta altos niveles de corrupción y criminalidad, refugiados y desplazados, así como una marcada degradación económica. Venezuela es hoy considerada como un país forajido y narcoestado.

1959 mantuvo como objetivo dominar a Venezuela (invasión de Machurucuto, implantación de las guerrillas, golpes militares de izquierda, etc.). Ese cambio en la operatividad de la franquicia propició que en 1998 se hiciera del poder Hugo Chávez, golpista y militar de izquierda[2], instalándose así el primer gobierno de corte marxista en Venezuela.

Como todo régimen marxista, lo primero que hizo fue destruir las instituciones para obtener el control del país. Es decir, destruyen la democracia desde adentro. Lo que debe estar claro es que esa destrucción fue paulatina (actualización de la franquicia), muchas veces resultó imperceptible para los ciudadanos, y que no se realizó de una manera brusca o en corto tiempo, como en Cuba. Dentro de esos objetivos de dominio está Pdvsa.

Los primeros enfrentamientos Pdvsa-Gobierno se inician en 2001 con el intento de desafiliación (separación) de Pdvsa Gas. Quizás este fue un globo de ensayo del gobierno de Chávez para calibrar sus estrategias enfocadas en la conquista de Pdvsa. Estos escarceos, unos visibles y otros no, culminaron con el evento de 2002, cuando el régimen impuso lo que ya que era una decisión anticipada: la toma de control de Pdvsa. Había que conquistar la colina (léase Pdvsa) para poder hacer la revolución[3].

Todo este enfrentamiento culmina con el paro cívico de finales de noviembre del 2002 (que luego se convirtió en petrolero, por ser este sector el único que se mantuvo parado por tres meses), y cuyo resultado fue el despido de más del 50% de la fuerza laboral de Pdvsa, quedando esta sin lo más importante de una corporación, sus idóneos recursos humanos.

Para estas fechas, los personajes encargados de la emisión y ejecución de las políticas energéticas eran Rafael Ramírez, como ministro de Petróleo y Energía, y Alí Rodríguez, como presidente de Pdvsa.

---

2   Fue una lucha y un triunfo silencioso para los trabajadores de Pdvsa Gas, ya que la sociedad venezolana ni se enteró. Esta acción del gobierno obedeció a tres razones fundamentales: manejo de un suministro clave y estratégico de energía (gas) al mercado interno, una filial joven (creada en 1998) y poco personal.

3   Ver: https://www.youtube.com/watch?v=6YRXmwAPHhk.

¿Cuál es la relación Ramírez-Rodríguez?

El padre de Rafael Ramírez, Rafael Darío Ramírez C., fue guerrillero en los sesenta. Se trataba de un contador que en los años 60 apoyó y financió la guerrilla (militó en las brigadas urbanas de la FALN). Entre ellos estaba Alí Rodríguez, a quien protegió y del que manejó su dinero. Luego, en las primeras constituciones de Pdvsa bajo Chávez, fue nombrado comisario.

Por otra parte, Rafael Ramírez (h) fue militante de Ruptura, y sostuvo una estrecha relación con Adán Chávez; ambos fueron estudiantes de la Universidad de los Andes.

La relación de su padre con Alí Rodríguez, y la de él (Ramírez) con Adán Chávez, permitieron su entrada a niveles altos de la industria petrolera. Su primer cargo fue el de presidente de Enagas. De aquí en adelante el dúo Rodríguez-Ramírez actuó al unísono en el manejo del sector de hidrocarburos y luego en el sector eléctrico. En definitiva, prevaleció la amistad y la fidelidad política ante el conocimiento de un área tan compleja y vital para el país como lo es el sector energético[4].

Las malas praxis gerenciales y la aplicación de políticas públicas erradas desde 2002 fueron gestando lo que hoy se conoce como la crisis energética, que comprende el colapso de las empresas estatales energéticas: Pdvsa (hidrocarburos) y Corpoelec (electricidad). Se trata de una crisis complementaria y que paulatinamente se fue agravando hasta el día de hoy, cuando ninguna de las dos empresas puede cumplir con su razón de ser. Esto ha originado en el país una gran inseguridad energética, que a su vez ha mermado profundamente la libertad de los venezolanos[5].

La aplicación de políticas públicas erradas se inicia a partir de 1999 con la instauración de un proceso político de carácter comunista, aún vigente, cuya filosofía apunta al control por parte del

---

4   Ver https://laprotestamilitar3.wordpress.com/2009/09/26/biografia-de-rafael-ramirez-carreno-ministro-de-energia-y-petroleo-y-presidente-de-Pdvsa-de-venezuela/.

5   La seguridad energética consiste en la disponibilidad de una oferta adecuada de energía en el tiempo, de calidad y diversificada, de acceso no restringido y a precios económicos no volátiles. Los países tienen que tener seguridad energética para poder garantizar el suministro de energía.

Estado (estatización) de todos los ámbitos del quehacer nacional. Bajo esa perspectiva, la energía, lógicamente, juega un papel primordial para el control económico y social.

En ese viaje hacia la estatización y control del sector energético, el dúo Rodríguez-Ramírez tiene la responsabilidad total. Fueron ellos quienes dieron los pasos iniciales para lograrlo con la "toma de Pdvsa en el 2002". Esta sinergia del dúo dura hasta el año 2004, cuando Alí Rodríguez sale de la escena energética. De allí en adelante, hasta 2014, Rafael Ramírez es el responsable absoluto de lo que se hace y no se hace en el sector de hidrocarburos.

La próxima gráfica muestra la producción de petróleo entre 1998 y 2020 y ciertos hitos de ese período, así como los ministros durante los años en cuestión. En primer término, revisemos la gráfica desde el punto de vista de los hidrocarburos y los hechos correspondientes al tiempo cuando Rafael Ramírez fue el actor principal:

GRÁFICO 1 **Venezuela, producción de petróleo, políticas y hechos en la IPN (1998-2020)**

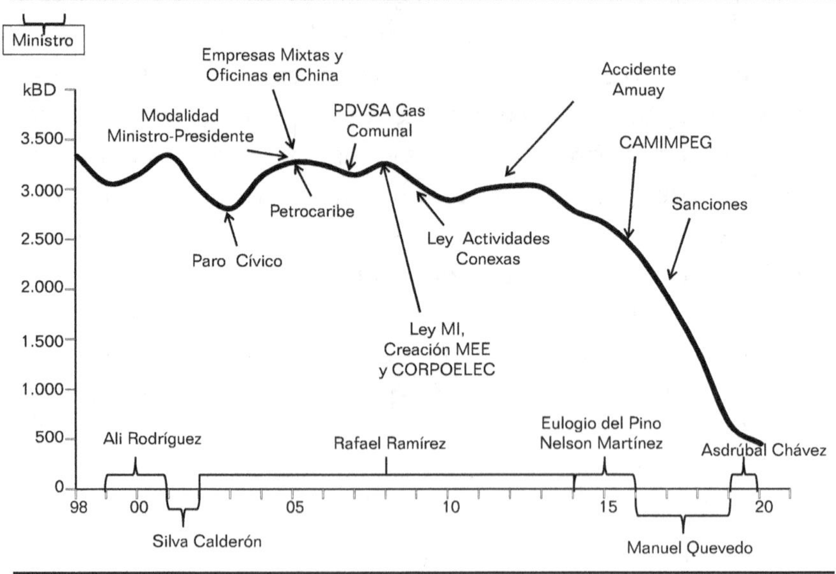

Infografía: Nelson Hernández

- En el año 2000 fue aprobada la Ley de Hidrocarburos Gaseosos y su Reglamento. Normativas que venía trabajando Pdvsa Gas y que permiten la participación privada en el sector gasífero. Esta ley no ha sido modificada, pero no se permitió completamente su desarrollo y el Estado conservó el monopolio del transporte, distribución y comercialización del gas. En 2001 se publican la Ley Orgánica del Servicio Eléctrico y la Ley Orgánica de Hidrocarburos. Ambas fueron posteriormente modificadas, limitándose la participación del sector privado. En esos años Alí Rodríguez era ministro de Petróleo y el general Guaicaipuro Lameda era el presidente de Pdvsa.

- En 2003, puesto que el concepto de orimulsión fue desarrollado según un criterio que clasificaba al crudo extrapesado utilizado en su producción como "bitumen natural", el ulterior análisis económico llevado a cabo por el Ministerio de Energía y Petróleo de Venezuela concluyó que su producción no era el uso más apropiado de los crudos extrapesados venezolanos.

En diciembre de 2003 ese ministerio determinó que las reservas existentes en el área asignada a Bitor, filial de Pdvsa, correspondían a crudos extrapesados y, en consecuencia, las reclasificó de esa manera. Una vez aclarado que la materia prima era la misma, también se estableció que el mejoramiento de los crudos extrapesados e incluso las mezclas de los crudos extrapesados con crudos más livianos resultan en una mayor valorización del recurso natural que su transformación en orimulsión.

Pero en 2004, cuando los precios del petróleo comenzaban su ascenso, el Estado venezolano reestructuró negocios y buscó más ingresos, ante lo cual el ministro de Energía Rafael Ramírez, decidió entonces que la orimulsión no se hacía más. "Es un pésimo negocio y debemos acabar con ese tipo de proyectos", sentenció. Por esta razón, Bitor cerró su planta de orimulsión y dio por terminados todos los convenios de suministro existentes.

Algunas empresas tienen aún litigios con el Estado venezolano por esta acción. Sinovensa se reestructuró como empresa mixta dentro del marco establecido por la nueva Ley Orgánica de Hidrocarburos, para producir mezclas de los crudos extrapesados con crudos más livianos. Bernard Mommer fue el principal actor de la destrucción de la orimulsión, el combustible venezolano.

- En 2005 ocurre un conjunto de hechos que cambiará por completo el estatus quo de la industria hidrocarburífica venezolana:
  - Se establece la figura de ministro-presidente, lo cual elimina la línea límite entre el controlador y el controlado. Es decir, el ministro del área de hidrocarburos es a la vez el presidente de Pdvsa. En otras palabras, no hay doliente ante las irregularidades que se cometen en la empresa estatal.
  - Se crean las Empresas Mixtas, con lo cual el Estado les otorga a las empresas de la apertura petrolera (1992-1997) la pertenencia de recursos hidrocarburíficos al hacerlas socias (¿constituye esto una privatización a escondidas?). Esta modalidad no fue aceptada por algunas empresas, lo que originó demandas a nivel internacional. Las más renombradas fueron la de Conoco Phillips y la de Exxon Mobil. Se dice que en las cortes internacionales hay más de 27 casos de demanda contra Pdvsa, estimándose un monto demandado de entre 25 y 30 millardos de dólares.
  - Por razones más políticas que comerciales se crea la primera oficina de Pdvsa en China. La tesis que esgrime el régimen es la de ampliar el horizonte de la comercialización del petróleo venezolano y, en contraprestación, China emite un conjunto de préstamos del orden de 30 millardos de dólares, que serán cancelados con petróleo
  - Bajo el marco de "ayuda a los vecinos", Pdvsa crea un conjunto de empresas de hidrocarburos entre las que destaca Petrocaribe. El trasfondo de estas empresas consiste en comprar conciencia para el apoyo de Venezuela en los organismos internacionales, es decir, se usa el petróleo como arma política. De igual manera, estas empresas

son utilizadas para el envío de apoyo financiero a países de América Latina y el Caribe para ampliar la revolución del siglo XXI (la franquicia), e incluso se han encontrado indicios de esto en países de Europa y África.

- En noviembre de 2006 Rafael Ramírez afianza y afirma que el objetivo de Pdvsa es sustentar a la revolución y pronuncia su famosa frase[6]: "Pdvsa es roja, rojita... y quien no lo entienda que se vaya al carajo".

- En 2007 se crea la empresa Pdvsa Gas Comunal, con lo cual se estatiza todo lo concerniente a la distribución y comercialización del gas doméstico, especialmente el GLP. Esta empresa no cumplió con los objetivos de su creación.

- En el 2008 se publica la Ley de Reordenamiento del Mercado Interno de los Combustibles Líquidos. Esta Ley reserva al Estado la actividad de intermediación para el suministro de combustibles líquidos por razones de conveniencia nacional, carácter estratégico, servicio público y de primera necesidad, realizada entre Petróleos de Venezuela S. A., sus filiales y los establecimientos dedicados a su expendio. Con el mismo carácter se reservan las actividades de transporte terrestre, acuático y de cabotaje de combustibles líquidos. Esto dio la base jurídica para la creación de la Empresa Nacional de Transporte.

- En 2009 se emite la Ley que Reserva al Estado Bienes y Servicios Conexos a las Actividades primarias de Hidrocarburos. Esta ley estatizó a las empresas de servicios. Destacan, entre otras, las empresas de transporte en el lago de Maracaibo y las de inyección de gas en el norte de Monagas (en el Furrial, especialmente), con la consecuente pérdida de producción que esto originó.

- En 2012 ocurre el accidente de Amuay. Desde 2010 Venezuela importaba gasolina y diesel. Este accidente agrava la situación y el país pasa a ser un importador neto de estos combustibles.

---

6   Ver https://www.youtube.com/watch?v=dU9kfeJTLFw). Se trata de una amenaza contra los empleados de Pdvsa.

La foto corresponde al momento en que Chávez, Ramírez y Maduro visitan el sitio del accidente, y Chávez pronuncia su frase: "El show debe continuar...".

- Aunque ya fuera de la gestión de Rafael Ramírez, es menester mencionar la creación, en 2016, de Camimpeg. Se trata de una empresa creada para los militares que se encarga de todo lo relativo a las actividades de servicios petroleros, gas y explotación minera en general, sin que esto implique limitación alguna. Esta normativa origina en Pdvsa una vicepresidencia ocupada por militares para controlar las actividades de petróleo y gas. En otras palabras, en Pdvsa no se hace nada sin la aprobación de esa vicepresidencia.

Por otra parte, en el período 1999-2020 los ingresos brutos por exportación de petróleo y sus derivados totalizaron 1013.8 G$ (Giga dólares), y en el período Ramírez 2002-2014 los ingresos fueron de 817.1 G$. Es decir, 80,8% del total. Además del monto de ingreso total, la revolución ha endeudado al país por más de 140 G$. Esta inmensa suma de dinero fue dilapidada en la compra de conciencias, en la expansión de la revolución y en la corrupción galopante que ha existido desde 1999 hasta el presente, a escala nacional e internacional. Lo más triste de todo es que el pueblo venezolano no se benefició de esto, ya que hoy los servicios esenciales (agua, luz, alimentos, salud, educación, etc.) están todos colapsados y/o inexistentes.

Otro aspecto a destacar es el nepotismo de Rafael Ramírez, que dio lugar a lo que se conoce como la "tribu de Ramírez". Lo ilustra la designación de Fidel Ramírez Carreño (hermano) como director general de Servicios de Salud en Pdvsa. Así mismo, contrata como asesores, con altos honorarios, a Beatrice Sansó Rondón de Ramírez, Hildegard Rondón de Sansó y Baldo Sansó Rondón, esposa, suegra y cuñado, respectivamente.

Todas estas acciones, sumadas a otras después del 2014, han llevado a la industria de los hidrocarburos a un colapso inimaginable que se puede resumir así:

- La pérdida de 2650 kBD (barriles diarios) en la producción de petróleo con respecto al volumen producido en 1998, que era de 3300 kBD.
- Baja en la producción de gas del orden de los 5700 MPCD (pies cúbicos diarios), cuyas implicaciones se reflejan en la baja producción de GLP, el combustible utilizado por el 90% de los hogares venezolanos para la cocción de alimentos.
- Deficiencia en el suministro de electricidad desde el Sistema Eléctrico Nacional (SEN), que afecta las operaciones propias de la industria de los hidrocarburos.
- Infraestructura de refinación destruida con la consecuente disminución en la producción de productos derivados, en especial diesel y gasolina, cuya importación se inicia en el año 2010 y se incrementa a raíz del accidente de la Refinería de Amuay en 2012.
- Infraestructura de transporte, distribución y comercialización de combustibles líquidos deteriorada en más de un 50%, lo cual incrementa el tiempo de entrega (lo poco que hay), originando las colas en las estaciones de servicio para surtirse

de gasolina y diesel, y las colas de las amas de casa para obtener el GLP.

Como corolario podemos afirmar que la actuación de Rafael Ramírez al frente del Ministerio del Petróleo y como presidente de Pdvsa no aportó beneficios a la nación.

A continuación abordaremos lo concerniente al sector eléctrico, el otro soporte de la energía en el país, representado por la empresa estatal Corpoelec, y la relación de Rafael Ramírez con el sector, desde el año 2002 hasta el año 2009. Es necesario aclarar que el Ministerio de Minas e Hidrocarburos (y sus nombres posteriores) ha tenido bajo su seno lo relativo al desarrollo de políticas públicas y control de las actividades del sector eléctrico hasta la creación del ministerio eléctrico en 2009.

- En el año 2003, mientras Rafael Ramírez era el ministro para el sector eléctrico, un grupo de profesionales le presenta al Gobierno un documento en el que recomiendan un conjunto de acciones destinadas a evitar una crisis eléctrica a finales de la primera década del siglo XXI.
- El Gobierno (Rafael Ramírez) hace caso omiso de la propuesta y la crisis anunciada se presenta en 2009. Hasta el día de hoy no ha sido resuelta y la razón primordial es que se trata de una crisis inducida para el control de la población.
- En julio de 2007 el régimen emite la Ley de Reorganización del Sector Eléctrico, donde se establece la creación de Corpoelec; su primer presidente fue el general Hipólito Izquierdo. Con la creación de esta empresa estatal matriz se estatiza todo el sector eléctrico venezolano; la joya de la corona es la Electricidad de Caracas, que es comprada a la empresa AES por 740 millones de dólares.
- En 2008 reaparece en el sector energético Alí Rodríguez como presidente de Corpoelec, sustituyendo a Hipólito Izquierdo.
- En octubre de 2009 se crea el Ministerio de Energía Eléctrica. Ángel Rodríguez es el primer jefe de este ministerio. Alí

Rodríguez sustituye a Ángel Rodríguez ejerciendo el rol ministro- presidente hasta el 2011, cuando sale nuevamente del sector energético.

- A partir de mediados de 2009 se declara la emergencia eléctrica (léase, corrupción) y se otorgan contratos sin licitación. El caso más sonado es el de Derwick. Dicha emergencia sigue vigente, aunque se han dedicado decenas de millardos de dólares para "resolverla".

De lo anterior podemos inferir que Rafael Ramírez tiene una responsabilidad fundamental en la crisis eléctrica ya que rechazó la propuesta de 2003 efectuada por profesionales del sector.

Después de 2011 han ejercido el cargo de ministro de Energía Eléctrica Héctor Navarro, Jesse Chacón, Luis Motta y Freddy Brito. Los presidentes de Corpoelec han sido Argenis Chávez, Jesse Chacón, Luis Motta y Freddy Brito.

Una macro visión actual del sector eléctrico nos muestra lo siguiente:

- Inoperatividad de 70% de las unidades de generación eléctrica, tanto térmica como hidroeléctrica.

- Fuerte deterioro, y continuo, de las líneas de transmisión por efecto de la sobrecarga (sobre todo las líneas de 765 y 400 kV) para poder transmitir carga hacia las zonas donde la generación autóctona no puede suplir la demanda.

- Colapso del sistema de distribución, producto de la sobrecarga por no existir reemplazo de los que se dañan y de los que han cumplido su vida útil.

- Deficiencia en el suministro de combustibles (gas, diesel y fuel oil) para la generación termoeléctrica.

Como corolario de lo anterior podemos indicar que el dúo Rafael Ramírez-Alí Rodríguez (sobre todo Rafael Ramírez) tiene una responsabilidad fundamental en la creación y desarrollo de la crisis energética en el país. Crisis que tiene el sesgo de ser inducida para ejercer el control político, social y económico de la población venezolana. Todo esto se concreta en una pérdida de la calidad de vida del venezolano con la consecuente pérdida de la libertad individual y colectiva. El Estado ejerce el control mediante el suministro de la energía.

Otros coautores de este documento analizarán aspectos y acciones aquí mencionadas, con el objeto de dar una visión más profunda y holística de la gestión que por 13 años llevó a cabo Rafael Ramírez en el sector energético venezolano, tan negativa para el país.

CAPÍTULO 8

LOS INFORMES FINANCIEROS DE LA PDVSA DE RAMÍREZ

Sergio Sáez

El objeto de este análisis es revelar los artilugios de que se valió la junta directiva de Pdvsa para aparentar una gestión exitosa durante los dos últimos años (2013 y 2014) de Rafael Ramírez en la presidencia de la empresa y en el ministerio correspondiente. Pretendieron reflejar como "ganancia integral" en los Estados Financieros Consolidados y Auditados de Pdvsa (EFCA), al 31 de diciembre de cada uno de los años, pero la realidad es que les corresponde la responsabilidad de la desastrosa situación en que se encuentra la industria.

Mucho ha escrito y mucho ha dicho en entrevistas Rafael Darío Ramírez Carreño, y mucho es lo que han dicho por él sus "historiadores". En esos discursos hay información que permite revelar con claridad las entrelíneas de su gestión. Una de esas fuentes es su extensa plataforma informática, constituida por un blog (www.rafael-ramirez.net); Twitter: @RRamirezVE y @RojoRojitoVE; Instagram; Facebook; YouTube; Sound Cloud; y la difusión de sus escritos dominicales en Aporrea, Medium, Panorama y Primicias24, además de los boletines semanales enviados a través de prensa@rojorojito.org entre sus suscriptores. Se trata de un gran esfuerzo mediático que, según afirma: "Será un 'espacio democrático' de comunicación, donde 'hablará con la verdad', basada en la ética y el respeto al ejercicio de la política".

Tal vez todo ha sido costeado con sus "ahorros" y/o la gentileza de sus seguidores. "Con las uñas", como lo refiere en una entrevista con la BBC.

En esa abundante fuente informática proveniente del personaje, y en otros documentos oficiales que refiere, se basa el presente análisis.

Sobre su actuación al frente de Pdvsa Rafael Ramírez expresó lo siguiente:

Desde que asumimos la conducción de la empresa, el 10 de octubre de 2004, hasta agosto de 2014, uno de nuestros principales empeños y objetivos fue siempre el de hacer una gestión transparente y de cara al país; sujeta siempre al escrutinio público y a las distintas instancias de control de la empresa establecidas por la ley.

Por ello, de manera escrupulosa, nos subordinamos y sometimos a los procedimientos, normas, leyes y mecanismos de rendición de cuentas... Yo los invito a revisarlos, más allá de cualquier posición política o lejos de los prejuicios que nublan el entendimiento... La verdad está en los números...

Estos datos son números incontestables, reales, auditados de acuerdo con la normativa internacional vigente para empresas petroleras, las Normas Internacionales de Información Financiera (NIIF), por la prestigiosa firma internacional de Auditores Externos KPMG, reconocida en el mundo entero por su trabajo y transparencia. Estas cifras pueden ser objeto de análisis y verificación por cualquier ciudadano, institución o universidad del país...".[1]

La verdad no solo está en los números, sino en las "notas" que contienen los informes de Estados Financieros Consolidados Auditados (EFCA) al 31 de diciembre de los diferentes ejercicios económicos, y en la interpretación que puedan hacer quienes tengan la disciplina, paciencia y voluntad escrutadora para detectar las incongruencias de los informes.

El hecho de que estos informes estén acompañados por la carta de una empresa de auditoría externa, KPMG, en este caso, no es garantía de la pulcritud y veracidad de las cifras. Basta con leer un escueto párrafo de la carta en referencia para observar la "responsabilidad" que tiene la firma auditora:

1   Ver *Es la economía, estúpido* (Tercera parte). ¿Cómo destruyeron a Pdvsa (II)? Por Rafael Ramírez Carreño 13 octubre, 2019 https://www.rafaelramirez.net/articulos/es-la-economia-estupido-tercera-parte-como-destruyeron-Pdvsa-ii/

En nuestra opinión, los estados financieros consolidados que se acompañan presentan, razonablemente, en todos sus aspectos substanciales, el desempeño financiero consolidado y el movimiento del efectivo consolidado de Petróleos de Venezuela, S. A. y sus filiales (Pdvsa) por el año terminado el 31 de diciembre de 2013, y su situación financiera consolidada a la fecha antes mencionada, de conformidad con Normas Internacionales de Información Financiera.

El servicio de auditoría externa consiste en el examen de los estados financieros de una entidad. A partir de ese examen el auditor expresa una opinión sobre si dichos estados financieros están presentados razonablemente, en todos sus aspectos substanciales, de conformidad con el marco contable aplicable.

Pero la firma auditora se cuida de resguardar su "imagen y reputación" no señalando el pecado, pues perdería "el jugoso contrato", sino llamando la atención sobre lo que denomina "párrafos de énfasis", como por ejemplo lo expresado en los EFCA 2013, a saber:

Párrafos de énfasis. Sin calificar nuestra opinión, llamamos la atención sobre los siguientes asuntos:
Como se explica ampliamente en la nota 32 a los estados financieros consolidados que se acompañan, Pdvsa, en su condición de empresa propiedad de la República Bolivariana de Venezuela, y según su objeto social y particulares responsabilidades que le son asignadas, realiza importantes transacciones con su Accionista, instituciones gubernamentales y otras entidades relacionadas, que resultan en efectos importantes sobre los estados financieros consolidados.

Aquí es donde un comisario honesto, o un auditor social acucioso, debe extremar el análisis. Porque KPMG está lanzando una advertencia sobre las "entidades relacionadas" y las transacciones que con ellas efectúa Pdvsa, que se deben escrutar.

Condiciones de su ejercicio administrativo

1. Rafael Ramírez ejerció simultáneamente los cargos de ministro del poder popular de Petróleo y Minería, que le impuso entre sus principales atribuciones como miembro de la Asamblea de Accionistas de Pdvsa (quien ejerce la suprema dirección y administración de Pdvsa): conocer, aprobar o improbar el informe anual de la junta directiva, los estados financieros y los presupuestos consolidados de inversiones y de operaciones de la empresa, y de las sociedades o entes afiliados; conocer el Informe del Comisario Mercantil, y designar a este y a su suplente.

    Como presidente de Pdvsa y de su junta directiva (órgano administrativo de la sociedad) es responsable "de convocar las reuniones con el accionista, preparar y presentar los resultados operacionales y financieros al cierre de cada ejercicio económico; así como de la formulación y seguimiento de las estrategias operacionales, económicas, financieras y sociales". Esto configura un evidente "conflicto de interés", porque no puede, no le está permitido, está reñido y es inconveniente para la buena y sana marcha de la industria petrolera, que una persona sea a la vez juez y parte.

2. Como miembro del Gabinete ministerial Rafael Ramírez interactuó con el Presidente de la República y los restantes ministros, que tienen a su cargo la adscripción de los órganos que velan y son responsables por la salud monetaria y financiera del país (BCV, Bandes, ONT, banca pública), y el sostenimiento de una serie de Fondos Parafiscales (Miranda, Che Guevara, Independencia, Fonden, entre otros), que en su conjunto pueden accionar para favorecer en sus decisiones a Pdvsa, porque esta es la principal fuente de divisas del país.

3. El hecho de que altos personeros de otros organismos de la Administración Pública integren la Junta Directiva de Pdvsa, en calidad de directores externos, significa que podría colocarlos en situación de conflicto de interés en cuanto a las

decisiones a tomar, lo que los obligaría, en caso necesario, a razonar y dejar su voto salvado, como debe ser la sana administración. Condición esta a la que alude la SC del TSJ en su apartado de la "Demanda de Nulidad" para intentar descargar la responsabilidad de Rafael Ramírez, argumentando lo siguiente[2]:

> Que "...la Junta Directiva de Pdvsa actúa como un órgano colegiado, del cual forma parte de manera permanente un representante de la República, generalmente el Ministro de Finanzas, con carácter de Director Externo, y un representante de los trabajadores, en condición de Director Interno...".

Transacciones a las que alude KPMG

Se relacionan principalmente con:

- Apoyo tanto en la gestión de acuerdos y convenios suscritos por la República como en la satisfacción de las obligaciones que de ellos se derivan mediante el suministro de crudo y productos, entre ellos: convenios energéticos con países de Latinoamérica y del Caribe (Convenio Integral de Cooperación Cuba Venezuela y el Convenio de Cooperación Energética Petrocaribe); Acuerdo de Suministro con la República Popular de China; convenios de cooperación energética con la República Portuguesa, la República Islámica de Irán y la República de Belarús; Constitución de Empresas Mixtas (Petro Victoria, S. A.; Petro Zamora, S. A.; Petro Urdaneta, S. A.; y Petrolera Venangocupet, S. A.).

---

2   Ver Sentencia Sala Constitucional Del Tribunal Supremo de Justicia. N.° 88, Expediente Nº 16-0940, 24 de febrero de 2017, ante demanda de nulidad interpuesta por razones de inconstitucionalidad, conjuntamente con solicitud de medida cautelar innominada, contra los actos realizados en el marco de la investigación aprobada por la plenaria de la Comisión Permanente de Contraloría de la Asamblea Nacional, el 17 de febrero de 2016 (...), con ocasión de supuestas irregularidades ocurridas en Pdvsa, durante el período comprendido entre los años 2004-2014, en el que el accionante se desempeñó como presidente de la mencionada persona jurídica. Ver la sentencia en *http://historico.tsj.gob.ve/decisiones/scon/febrero/196424-88-24217-2017-16-0940.HTML*

- Aportes para el Desarrollo Social (apoyo a misiones y comunidades, así como programas sociales, planes de inversión social y aportes a la Gran Misión Vivienda Venezuela, GMVV); aportes y contribuciones al Fondo de Desarrollo Nacional, Fonden, S. A., transferencias al Fondo de Desarrollo Nacional (Fonden) de los fondos mantenidos por Pdvsa en el Fondo de Estabilización Macroeconómica (FEM).
- Obligaciones fiscales en cuanto al pago de regalías e impuestos, que no se honran oportunamente, como exige la ley, y los mantiene como obligaciones por pagar.
- Operaciones financieras y de inversión con el BCV (que se documentan ampliamente más adelante y que son objeto de cuestionamiento) e instituciones financieras del Estado Venezolano.
- Transacciones relacionadas con la administración del Fondo Simón Bolívar para la Reconstrucción.
- Subvenciones del Estado Venezolano, que permiten a Pdvsa revertir por medio de los fondos parafiscales, porciones significativas de sus aportes obligatorios, y ser descontados de la regalía.

Antecedentes

Desde antes de que Rafael Ramírez se encargara de la presidencia de Pdvsa y de la junta directiva –después de la presidencia del general Guaicaipuro Lameda Montero–, había comenzado un sistemático proceso de incumplimiento de las normas y procedimientos de Pdvsa y sus filiales, que se agravó a raíz del despido de alrededor de 21.200 gerentes, administradores, profesionales, técnicos, empleados y obreros especializados. Se hizo cotidiano "declarar de emergencia" todas la actividades donde se pudiese aplicar recursos monetarios (soberanía agroalimentaria, electricidad, educación, vivienda, sanidad, infraestructura y otros), que aun cuando en los casos excepcionales, como estos, estaban previstos en las Normas y Procedimientos, fueron dejados de lado.

En el caso de la industria petrolera, no se acataron sus normas y procedimientos de comprobada eficiencia. Se dejó de lado el riguroso y comprobadamente eficiente "registro de empresas contratistas y suplidores de la industria". Se mediatizaron los comités de contrataciones y adquisiciones, los niveles de delegación financiera, y las aprobaciones e información de compras, adquisiciones, servicios y proyectos por el más alto nivel de delegación financiera, que blindaba a las máximas autoridades de la industria y le daba cumplimiento al estamento legal estatuido por el Estado.

Esto propició la más grande corrupción jamás vista; tráfico de influencias, empresarios de maletín, adelantos de dinero sin las correspondientes fianzas de garantía y de fiel cumplimiento, ausencia de supervisión y seguimiento de compras y convenios. Se trató de un desastre para el país y de un gran festín de corruptos, a pesar de que Rafael Ramírez afirme lo contrario.

Bajo su dirección, al ministerio de Energía y Petróleo, y especialmente a Pdvsa, se le impusieron funciones y obligaciones totalmente ajenas a su misión. Muchas de ellas les correspondían a otros organismos y ministerios de los innumerables que integraban el gran circo del gabinete que acompañaba a Chávez. Actividades tan disímiles como alimentación (Pdval, Produval, Mercal); adquisiciones de alimentos por parte de Bariven, Gran Misión Agro Venezuela, Misión Alimentación, Programa Alimentario Escolar); Educación (Misiones Robinson, Rivas, Sucre); agroindustriales (centrales azucareros, ganadería, agricultura, lecheras, torrefactoras de café, proyectos agrícolas); sanidad (misiones Barrio Adentro I, II y III,), industriales (hierro, acero, tuberías, válvulas), eléctricas (Misión Revolución Energética); infraestructura (vialidad, puentes, Metros, remodelaciones de espacios sociales); vivienda (Gran Misión Vivienda Venezuela); sociales (Misión Madres del Barrio, Gran Misión Hijas e Hijos de Venezuela, Misión Niñas y Niños del Barrio y Misión Niño Jesús, Hogares de la Patria) ...y pare de contar.

Por otra parte, el régimen solicitó y obtuvo préstamos a mediano y largo plazo, estableció convenios con países hermanos para la compra de voluntades ante los organismos regionales, y, lo más odioso: permitió la intromisión de cubanos en las áreas más sensibles del país.

Todo lo anterior obligaba a Pdvsa a disponer de ingentes recursos de hidrocarburos para pagar el servicio del principal e intereses y vender los hidrocarburos por debajo de los precios del mercado, en parte a muy largo plazo a tasas de interés ridículas. Adicionalmente, el Gobierno, con la solidaridad cómplice de las instituciones y órganos de control, creó leyes para captar la mayor cantidad de renta petrolera y canalizarla a través de órganos parafiscales sin control ni reporte alguno. Se generó así un reiterativo déficit de caja de magnitudes "millardescas" en Pdvsa, que obligaba a hacer malabarismos de "ingeniería financiera revolucionaria" para mostrar sus estados financieros consolidados como exitosos, algo de lo que Rafael Ramírez se ufana.

Labor de auditoría social

Cuando en el ejercicio de un cargo se está obligado a dejar memoria escrita sobre lo actuado, queda para la historia valiosa información que es de gran utilidad para quienes andan en búsqueda de repuestas a las preguntas o hipótesis que se ha formulado, y tienen la curiosidad de revisarla con la precisión necesaria y cotejarla con los hechos que conoce o que otros revelan. Si como resultado de ello quien investiga logra comprobar su hipótesis, queda la satisfacción de que la tarea no fue en vano. Aun más gratificante resulta compartirla con los demás de manera didáctica, para que se conozca y se registre para la historia otra versión, o punto de vista más realista.

Esa ha sido la tarea que este servidor se ha propuesto llevar a cabo en más de una década sobre este régimen iniciado por el teniente coronel (r) Hugo Rafael Chávez Frías y sus más cercanos colaboradores. Especialmente quienes actuaron en la principal industria, que llegó a generar cerca del 95% de los ingresos en divisas, y que es propiedad de todos los venezolanos, Petróleos de Venezuela, S. A. (Pdvsa).

Como ciudadano y accionista, aunque minoritario, he sentido el deber de actuar como auditor social en la gestión de Pdvsa, tratar de revelar la verdad de los hechos, desenmascarar la mentira, señalar los errores y desaciertos, y difundir lo encontrado para que los venezolanos sepamos por qué fue destruido nuestro principal ícono empresarial, Pdvsa; cómo fue sumido en la pobreza el pueblo venezolano y a quiénes corresponde la culpa. ¿Qué mejor tarea ciudadana que retribuir en algo a los compatriotas, por la oportunidad que nos brindó el Estado de prepararnos profesionalmente? Queda en el lector juzgar si le ha sido útil.

A partir de 2010 el análisis como auditor social revelaba que Pdvsa estaba experimentando "Déficit continuado en su caja operacional", y que los Estados Financieros Consolidados y Auditados (EFCA), al 31 de diciembre de cada ejercicio fiscal, mostraban saldos positivos en las "ganancias integrales de Pdvsa". Al indagar sobre la causa de esa "incongruencia", se reveló que una de las claves relevantes se encontraba en un "artificio contable" de ingresos financieros por cambios en la paridad cambiaria, derivada de los "Convenios Cambiarios" que favorecían las operaciones de cambio de Pdvsa, por ser el dólar de Estados Unidos la moneda "funcional y de preparación" de los Estados Financieros.

Al investigar un poco más se encontró que existían otros artificios "soportados por la normativa vigente", los cuales en su conjunto contribuyen a encubrir los reiterados "Déficit Operacional de Caja" de Pdvsa y de ese modo mostrar una ganancia integral significativa. Se trata de un "elaborado maquillaje" de las cuentas.

No obstante, los déficit continuaban acumulándose y su efecto se observaba en el deterioro del plantel físico, la reducción del potencial de producción y la acumulación de deudas. Y un caso burdo, grosero, ofensivo y maquiavélico, utilizado en el ejercicio de 2013, que queda para la historia de ignominia de este régimen, de las autoridades de Pdvsa y de los órganos del Estado que actuaron "encompinchados" contra del honorable pueblo venezolano.

¿Se conocían los resultados operacionales y financieros?

Mediante un ejercicio de "principiante" sin pretensiones académicas, desde 2011 hemos venido haciendo cálculos sobre las cifras gruesas de las operaciones medulares anuales de Pdvsa y sus proyecciones, con la finalidad de verificar si el ingreso neto permitía cubrir los costos de tales operaciones y, en caso de ser suficientes, si garantizaban la cobertura de sus compromisos con el presupuesto de la nación, el pago de los dividendos a los socios extranjeros, los compromisos de la deuda documentada, las restantes obligaciones con las entidades relacionadas (BCV, ONT y banca pública) y los aportes a los múltiples fondos parafiscales, sin control ni reporte alguno, y las misiones de carácter social. A lo anterior se suma algo de particular interés, por ser jubilado de Pdvsa: saber si luego de lo anterior era posible honrar los compromisos de la deuda con el Fondo de Jubilaciones APJ-PDV, dado que desde hace seis años dejó de hacerlo.

Los resultados de la modestas auditorías operacionales eran alarmantes, y quedaron registrados en exposiciones personales y en diferentes blogs que algunos allegados consideraron importante difundir. Se listan al final de este trabajo.

Casos emblemáticos

Debido a las limitaciones del capítulo nos ocuparemos solo de dos ejercicios económicos, 2013 y 2014, porque los hechos a describir en ellos tienen magnitudes muy significativas. Por la complicidad de los organismos involucrados y lo burdo de su realización, se puede afirmar que configuran una burla descarada e irrespeto mayúsculo a la inteligencia de los venezolanos.

Ejercicios económicos finalizados el 31 de diciembre de 2013

En un ejercicio de auditoría financiera el primer objeto es ver la salud de la empresa; esto se refleja en el primer cuadro que muestra el EFCA 2013, "Estados Consolidados de Resultados Integrales", y específicamente en cuatro renglones; el primero de ellos "ingresos por ventas de petróleo crudo, sus derivados y otros", por un monto de $113.979 millones; y el segundo, "costos y gastos", por un monto de $97.673 millones; ambos reflejan los ingresos netos y los costos y gastos de sus funciones medulares (las relativas a sus funciones como industria principal de los hidrocarburos); la diferencia de ambos, la "ganancia bruta" por $16.306 millones (no señalada en el cuadro), representa el saldo neto de lo que quedaría en la Caja de Pdvsa para entregarle al Fisco Nacional su aporte al Presupuesto de la Nación (incluye el Impuesto sobre la Renta); los aportes sociales que le impuso el Estado (en su mayoría misiones ajenas a su objeto medular); aportes a diversos fondos "parafiscales" sin reporte alguno ni control por parte de los órganos contralores del Estado; pagos de los servicios de la deuda a corto y mediano plazo con órganos del Estado (Oficina Nacional del Tesoro, Banco Central de Venezuela, banca estatal y banca privada) consistente en pagarés, líneas de crédito y otros; porción corriente de emisiones de deuda a mediano y largo plazo (fundamentalmente bonos), dividendos a los socios en sus empresas mixtas; y algo de por sí inusual, intereses de pagarés de la Asociación Civil Fondos de Jubilaciones de Pdvsa y sus Filiales (APJ-PDV) y de los Fondos de los trabajadores activos de Pdvsa y sus Filiales; también hay algunos otros pagos ajenos a su objetivo medular. Todos ellos reflejados en los cuadros particulares del Informe.

El tercer rubro a revisar es el de la "total ganancia integral", por $12.907 millones, que es el que alegra a los accionistas, el pueblo venezolano, representados por el Estado; y por último, los "ingresos financieros" por un monto de $20.347 millones, que tienen la particularidad de que muy poco, por no decir que nada, tienen que ver con las funciones medulares, que conjuntamente con el primer rubro mencionado conforman los ingresos totales: un monto de $134.326 millones. Para un auditor acucioso aquí se enciende un alerta, y una pregunta obligada: ¿Qué hubiera pasado si Pdvsa no obtiene ese monto de ingresos financieros?. Lo más probable es que sus números estarían en rojo.

La explicación anterior y los rubros se ven mejor reflejados en el siguiente cuadro para los cuatro últimos ejercicios económicos de Rafael Ramírez al frente de la presidencia de Pdvsa y de su junta directiva: 2011, 2012, 2013 y 2014.

CUADRO 1 — **Estados consolidados de resultados integrales**
(rubros relacionados con las operaciones medulares, y ajustes no medulares)

Años	2014	2013	2012	2011
	Millones de dólares			
Ingresos				
Ventas de petróleo crudo, sus productos y otros	105.271	113.970	124.459	124.752
Costos, gastos e ISR				
Costos y gastos (incluye regalías y otros impuestos)	108.153	97.623	98.661	90.157
Impuesto Sobre la Renta	5.891	7.845	7.279	2.007
Total costos, gastos e ISR	114.044	105.468	105.940	92.164
Ganancia bruta				
[Ingresos - (Total costos, gastos e ISR)]	(8.773)	8.502	18.519	32.588
Ganancia integral				
(Declarada para el ejercicio) (hechos los ajustes no medulares)	12.465	12.907	5.149	4.447

Fuente: Estados Financieros Consolidados y Auditados 2014, 2013, 2012 y 2011.

La alerta obligaba a revisar en profundidad los renglones identificables con las operaciones medulares, que recoge el cuadro.

En el correspondiente a 2013 se observa que la ganancia integral supera en más de 50% la ganancia bruta, lo que nos lleva a pensar que Pdvsa está en la condición de que sus ingresos por operaciones medulares no le alcanzan para cubrir, en su conjunto, sus obligaciones con el presupuesto nacional, con los aportes al desarrollo social, obligaciones con sus socios de empresas mixtas, de deuda documentada, y con terceros; y tiene que recurrir a medidas financieras para no terminar en saldo rojo.

De ello nos ocuparemos de seguidas como "Primer Caso Emblemático" de la gestión de Rafael Ramírez. En el caso del ejercicio de 2014, la situación es patética. La ganancia bruta es negativa (-$8.773 millones), lo que refleja, sin que quede duda alguna, la desastrosa situación financiera en que dejó Rafael Ramírez a Pdvsa y sus filiales.

Mecanismos financieros

Se plantea entonces indagar en los EFCA 2013, sobre los rubros significativos de los ingresos financieros, nota 12, p. 40, recogidos en el siguiente cuadro, y se observa que se incorporó, en comparación con los años anteriores, 2012 y 2011, un nuevo renglón de "Ganancia en venta de participación", por $9.524 millones, y de "Ganancia en cambio neta", por $7.817 millones, que conforman ambas un monto muy significativo de $17.341 millones, equivalente al 85,2% del "Total de los Ingresos financieros"; adicionalmente, el rubro "Ganancia por posición monetaria neta" por $1.473 millones se incrementó significativamente en comparación con los dos años anteriores.

CUADRO 2 Ingresos financieros

Año	2014	2013	2012	2011
		[Millones de dólares]		
Ganancia en venta de participación		9.524		
Ganancia en cambio neta		17.996	7.817	
Ganancia por posición monetaria neta	2.515	1.473	301	62
Ganancia por pago antiipado de financiamiento		477	1.100	1.978
Intereses generados	271	344	270	241
Interés sobre partidas al costo amortizados	87	89	235	16
Ganancia en venta de pagarés			209	
Ganancia en canje y recompensa de bonos				446
Reverso costo obligacionesretiro activo		1.852		
Ajustes al valor razonablede activos financieros, neto			159	
Total ingresos financieros	**23.198**	**20.347**	**3.152**	**765**

Fuente: EFCA 2014, 2013, 2012 y 2012; y Nota 12, pg. 39 (EFCA 2013, 2012 y 2011).

Revisamos entonces la Nota 10-a, p. 37: Filiales Constituidas, nos encontramos con esta "perla negra", citamos:

De conformidad con los lineamientos establecidos por el Ejecutivo Nacional y con los planes estratégicos de Pdvsa, durante los años 2013 y 2012 se constituyeron nuevas compañías filiales. A continuación se presenta un resumen de las filiales más significativas:

En diciembre de 2013, fue constituida la filial Empresa Nacional Aurífera, S.A. (ENA), poseída por la Corporación Venezolana de Minería, S. A., totalmente poseída por PDVSA Industrial, S. A. (Pdvsa Industrial), con un patrimonio de $30 mil millones (Bs. 339 mil millones), la cual tiene el objetivo de explorar, explotar, producir, transformar, refinar, manufacturar y distribuir todo tipo de material proveniente del aprovechamiento de minas y yacimientos auríferos en todas sus fases, su comercialización interna y externa; así como también la ejecución de programas y proyectos de desarrollo en materia de minería aurífera (véase la nota 37-g). En diciembre de 2013, Pdvsa vendió el 40% de su participación en ENA al BCV por un monto de $12 mil millones (Bs. 135.600 millones) (véanse las notas 12, 26 y 32). Durante el año terminado el 31 de diciembre de 2013, esta filial no tuvo operaciones.

Esta lectura provoca sobresalto y "calambres", y conduce a una pregunta obligada: ¿cómo es que Pdvsa constituye en papel una empresa de explotación aurífera valorada en $30 mil millones, y se asocia con el Banco Central de Venezuela, y este adquiere el 40% del capital accionario por $12 mil millones?; y aún más extraño: ¿cómo es que este hecho tan extraordinario y de gran magnitud se realiza en el mes de diciembre, justo antes del cierre del ejercicio el 31 de ese mismo mes?

Entonces surge otra pregunta: ¿qué hubiese dicho el Dr. Domingo Felipe Maza Zavala, insigne profesor formador de la gran mayoría de los profesionales de la economía, quien desde antes de graduarse fue empleado del BCV y formó parte de su directorio... qué hubiese dicho, preguntamos, sobre esta operación, si estuviese vivo? ¿Y que dirán hoy sus alumnos?

Hay algo más grave. Al revisar la Nota 30, Subvenciones del Estado, p. 86, nos encontramos con que "el Estado subvenciona a Pdvsa" por dos medios diferentes. Uno de ellos tiene que ver con que Pdvsa debe aportar al fondo parafiscal sin control alguno, el Fonden, con los "ingresos extraordinarios y hasta exorbitantes" por los altos precios alcanzados por el petróleo en los mercados internacionales (por la intervención tan oportuna y acertada del comandante presidente en la OPEP, dirían los más aduladores), que Pdvsa debe enterar al Fonden el excedente del precio al cual vendió sus crudos por encima del precio de referencia (crudo marcador fijado por el Ministerio del Petróleo), tan pronto se haga efectiva la venta de crudos.

Y como quiera que era evidente el Déficit de Caja en los años 2012 y 2013, esto le permitió a Pdvsa, como "casos insólitos", recibir subvenciones del Estado por gastos ya incurridos a través del Fonden, de $5.241 millones (Bs. 31.918 millones) en 2013, y $6.683 millones (Bs. 28.737 millones) en 2012, respectivamente. Pero como no puede transferírselos en efectivo a Pdvsa, se los reconoció como una disminución del gasto de contribución especial en los estados consolidados de resultados integrales (véase la nota 13). En otras palabras, "deducirlos del pago de las regalías", afectando los ingresos al Tesoro Nacional. Diría Chávez en su habitual verborrea comunicacional: ¡Eso no tiene importancia, es como pasarse la plata de un bolsillo a otro!

La otra vía de subvención del Estado, y la más grave, fue que en diciembre de 2013 la República otorgó a Pdvsa el derecho de desarrollar las actividades de exploración y explotación del oro (véase la nota 37-g) por un valor nominal de $30 mil millones (Bs. 189 mil millones), estableciendo también las condiciones que debía cumplir.

Pdvsa reconoció este derecho como una subvención del Estado en su estado consolidado de situación financiera en el rubro de "cuentas por cobrar y otros activos" (véase la nota 17, p. 53) al 31 de diciembre de 2013, deduciendo dicha subvención del valor nominal del derecho otorgado por la República (véanse las notas 17, 26 y 32). Con base en análisis preliminares al 31 de diciembre de 2013, Pdvsa reconoció este derecho a su valor nominal, y se encuentra en proceso de la determinación de su valor razonable.

Es decir, por un lado ingresa los derechos por un monto de $30 mil millones, y por otro lado los reversa (los descarga) por la subvención del Estado por igual monto. Pero ese solo hecho de

Año	2013	2012	2011
		[Millones de dólares]	
Cuentas por cobrar no corrientes (véase la nota 28-a)			
Convenios energéticos (véase la nota 28-b)	6.087	5.345	3.249
Entidades relacionadas (véase la nota 32)	925	1.364	1.711
Empleados	798	1.071	820
Materiales y suministros (véase la nota 19)	285	275	170
Propiedades usadas por entes gubernamentales			
(véase la nota 32)	119	108	109
Derechos sobre activos de exploración y explotación			
del oro (véanse las notas 30 y 32)	30.000		
Subvención entregada por el Estado			
(véanse las notas 30 y 32)	-30.000		
Otros	887	1.060	949
Total	**9.101**	**9.223**	**7.008**

Fuente: Nota 17, pg. 53 EFCA 2013, 2012 y 2011.

monetizar el otorgamiento de la concesión del oro le permitió a Pdvsa registrar un ingreso nada despreciable de $9.524 millones por "ganancia en venta de participación" al adquirir el BCV 40% de las acciones en la "Empresa Nacional del Oro, S.A. (ENA).

No podía el régimen aceptar que quedara en evidencia el desastre en que se encontraba Pdvsa en el ejercicio de 2013; por lo que retrasó la publicación de los Estados Financieros Consolidados y Auditados; los Resultados Operacionales y el Informe del Comisario al 31 de diciembre de 2013. Obsérvese que la fecha de la carta de la empresa auditora, KPMG, es 6 de mayo de 2014.

Lo que venía sucediendo en los ejercicios económicos de 2011 y 2012, y que invariablemente se repetiría en 2013, obligó al régimen y a Pdvsa a echar mano a la Corporación Venezolana de Minería (CVM), que ya Pdvsa, en previsión había creado por resolución de la Junta Directiva en su reunión N.º 2012-13 en fecha 15 de octubre de 2012; el Estado en febrero de 2013 le asignó a dicha corporación una "cesión minera de oro"; y así se adscribió esta corporación a Pdvsa Servicios, S. A.

Queda así Pdvsa con un potencial aurífero negociable, que le permitiría a Rafael Ramírez Carreño, ministro y presidente de

Pdvsa "estrella", salir "incólume" del tremendo hueco deficitario que se venía acumulando y que podría reventar y comprometer seriamente el régimen. El predilecto de Chávez merecía este "salvavidas" por sus extraordinarios servicios brindados a la causa socialista. Y en los EFCA de 2013, en la Nota (37-g, p. 112) Leyes y Resoluciones, se hace mención del "Decreto de transferencia a Pdvsa o la filial que esta designe el derecho a desarrollar las actividades previstas de exploración y explotación del oro".

Inferimos que se necesitaba una considerable "ingeniería financiera revolucionaria" de alto vuelo, e "insertar cuidadosamente" una serie de documentos (gacetas oficiales, actas de directorios de Pdvsa y del BCV), con fechas anteriores al cierre del ejercicio, más el silencio de KPMG, para lavarles la cara al régimen, a Rafael Ramírez, y mostrar ganancias en dicho ejercicio.

Y aquí es donde se revela el carácter improvisado, burdo y grotesco del "mecanismo financiero" utilizado. Se trata de una operación sórdida surgida del conciliábulo entre las más altas autoridades de Pdvsa (presidente y su Junta Directiva); Banco Central (Junta Directiva); la Oficina Nacional del Tesoro; Ministerio del poder popular de Petróleo y Minería; más la anuencia del presidente de la República y de su gabinete ministerial para la economía. Véase bien, toda esta operación fue realizada en un solo dia, el lunes 30 de diciembre de 2013.

Es un hecho a todas luces incongruente, fuera de los objetivos de Pdvsa y de las facultades del BCV. La fecha en que se realiza, la premura en su materialización y los efectos contables del otorgamiento evidencian que el objetivo era "tapar un tremendo hueco en el balance", y, además, hacer aparecer una jugosa ganancia.

Los detalles de cómo Pdvsa sacó provecho se encuentran en la Nota 30, Subvenciones del Estado, cito:

En diciembre de 2013, la República otorgó a Pdvsa el derecho de desarrollar las actividades de exploración y explotación del oro (véase la nota 37-g) por un valor nominal de $30 mil millones (Bs. 189 mil millones)... Pdvsa reconoció este derecho como una subvención del

Estado en su estado consolidado de situación financiera en el rubro de cuentas por cobrar y otros activos (véase la nota 17) al 31 de diciembre de 2013, deduciendo dicha subvención del valor nominal del derecho otorgado por la República (véanse las notas 17, 26 y 32).

Hay algo más en la urdimbre que revela la calidad de la trama. En "solidaridad de compinches", ese mismo día lunes 30 de diciembre de 2013 se publicó en *Gaceta Oficial* N.º 40.324 el Convenio Cambiario N.º 24 (compromiso del comandante presidente y la directiva del BCV en el conciliábulo), el cual establece el tipo de cambio de compra aplicable a Pdvsa por la venta de divisas provenientes de actividades u operaciones distintas a las de exportación y/o venta de hidrocarburos...

Asimismo, el Convenio Cambiario N.º 24 establece que los activos denominados en moneda extranjera representados por los derechos de explotación, transferidos a Pdvsa (véase la nota 37-g), así como otros intangibles y pasivos en divisas de las empresas del sector aurífero, deben ser reconocidos al tipo de cambio resultante de la última asignación de divisas realizadas a través del Sicad. No había que dejar nada al azar.

En la sesión N.º 4.651 del Directorio del Banco Central de Venezuela, celebrada el 12 de diciembre de 2013, se hizo referencia de la propuesta de venta al BCV del 40% de las acciones que la Corporación Venezolana de Minería, S.A., filial de Pdvsa Industrial, S. A., detentaba en la Empresa Nacional Aurífera (ENA), en virtud de la capitalización que pretendía realizar del derecho minero cedido por el Estado a ENA. Y como el tiempo apremiaba, el Directorio del BCV se reunió el lunes 30 de diciembre de 2013, y en su Asunto N.º 2, mediante Acta N.º AP-4.656, el presidente proponente, Eudomar Tovar, destaca, para su aceptación en el seno de la directiva:

"la participación del BCV en dicha empresa través de la adquisición de acciones en la misma, en atención de las funciones que constitucional y legalmente le han sido asignadas en materia de oro y su vinculación con la política de formación y administración de las reservas internacionales, así como los Objetivos Estratégicos y Generales del Plan de la Patria, Segundo Plan Socialista de Desarrollo Económico y Social de la Nación 2013-2019, que orienta entre sus premisas la de duplicar las reservas minerales de oro para su utilización como bienes transitables para el fortalecimiento de dicho efectivo internacional de la República (en cuanto a la Asamblea Nacional de Accionistas de ENA, a celebrarse ese mismo día, cita en el punto b)... se aprobará la incorporación del Banco Central de Venezuela como accionista, procediendo a la adquisición de las acciones a la Corporación Venezolana de Minería, S. A., mediante la dación en pago de pagarés emitidos por Pdvsa que fueron adquiridos por el Banco Central de Venezuela a la Oficina Nacional del Tesoro en unas operaciones de inversión y un remanente en efectivo mediante transferencia a ser realizada a la cuenta de depósito que a efecto indique la Corporación *Venezolana de Minería, S. A...*", y detalla las modificaciones que el BCV hace del Documento Estatutario de ENA, y se faculta al director José Salamat Khan para que como representante del BCV manifieste la voluntad de ese Instituto en aceptar las acciones y aprobar las modificaciones al documento Constitutivo Estatutario, se autorizó además, al presidente del BCV, para notificar la decisión aprobada por el directorio al ministro del poder popular de Petróleo y Minería y al presidente de la Corporación Venezolana de Minería, S. A.

Se trata de una oda a la sumisión y "conchupancia" con el régimen, en complicidad con Pdvsa. Por ello el régimen necesitaba eliminar la independencia de acción del BCV y colocar en su dirección a figuras complacientes.

No pudo correr el río de champagne ese mismo día, muy propicio por la llegada del Año Nuevo, pues "el acta debe haber sido caminada", técnica muy utilizada cuando se requiere aprobar actas que corrigen entuertos o tapan gazapos. Como en este caso.

De esta manera el día lunes 30 de diciembre de 2013 se preparó, condimentó, cocinó y degustó el "gran guiso del oro". De la nada, y solo en papeles, hicieron realidad la intención de los compinches. El BCV compró a la Corporación Venezolana de Minería, S. A., adscrita a Pdvsa Industrial, S. A., y pagó de inmediato, el 40% de un "paquete" accionario de una empresa aurífera, la "Empresa Nacional del Oro, S. A"., e integró la Junta Directiva de esta. Simultáneamente, Pdvsa registró en "cuentas por cobrar" la acreencia del BCV, y obtuvo una ganancia en cambio significativa; en los primeros días de enero, como pago del 40% de las acciones (4 mil acciones), el BCV descontaría los pagarés que Pdvsa había negociado con la Oficina Nacional de Tesoro (ONT) y que el BCV había adquirido de la ONT, y un diferencial en efectivo a favor de Pdvsa.

Pero ya Pdvsa había sacado provecho de una deuda en bolívares que al cambio a su moneda funcional (dólares de los Estados Unidos) le representó además una sustancial ganancia en cambio, porque, "coincidencialmente", ese mismo día, lunes 30 de diciembre de 2013 se publicó en *Gaceta Oficial* N.º 40.324 el Convenio Cambiario N.º 24, que el régimen y el mismo BCV habían aprobado, y que entre otras cosas establecía

> que los activos denominados en moneda extranjera representados por los derechos de explotación, transferidos a Pdvsa (véase la nota 37-g), así como otros intangibles y pasivos en divisas de las empresas del sector aurífero, deben ser reconocidos al tipo de cambio resultante de la última asignación de divisas realizadas a través del Sicad.

El perverso funcionamiento financiero del Estado

Se manifiesta aquí una prueba evidente del perverso funcionamiento del circuito financiero entre órganos del Estado: Pdvsa, la gran generadora del 95% de las divisas que entran al país, emite pagarés a la Oficina Nacional del Tesoro (ONT) a mediano plazo, en bolívares (moneda extranjera a los efectos de los Estados Financieros), y obtiene efectivo, muy probablemente para sus operaciones locales; el Banco Central de Venezuela, argumentando "operaciones de inversión", adquiere de la ONT dichos pagarés, quedando Pdvsa como deudor del BCV; y mediante la venta al

BCV de ENA (empresa solo en papel) recupera los pagarés, y algo de efectivo en bolívares (en operaciones que se registrarán para el ejercicio económico del año siguiente, en enero de 2014; mientras tanto, siguen los pagarés registrados como acreencias en el ejercicio de 2013, acumulándose como acreencias en moneda extranjera, para beneficiarse bajo "ganancias en cambio". Obsérvese lo contemplado en la Nota 4 -b, pg. 13. Transacciones en Moneda Extranjera:

> Las transacciones en moneda extranjera (cualquier moneda distinta a la moneda funcional) se convierten a la respectiva moneda funcional, utilizando la tasa de cambio a la fecha de la transacción... Los activos y pasivos monetarios denominados en moneda extranjera a la fecha del estado consolidado de situación financiera (al cierre del ejercicio el 31 de diciembre), se convierten a la moneda funcional utilizando la tasa de cambio a esa fecha.

¿Cómo se reflejaron estas acciones en las cuentas de Pdvsa?

Ese día, y antes de la medianoche, los Estados Financieros de Pdvsa registraban, entre otros:

CUADRO 4 — **Impacto de las operaciones extramedulares en las cuentas de Pdvsa**
Venta del 40% de la Empresa Nacional Minera
(el día lunes 30 de diciembre de 2013)

Concepto	Nota-literal.pg.	Monto [Millones de dólares]
Ganancia en venta de participación	10-a, 37	9.524
Disminución del pasivo por pagarés a ONT en poder del BCV	26, 72	6.770
Ganancia en cambio por la Contribución a la posición neta pasiva de los pagarés de la ONT		7.952
Subtotal impacto por ONA		**24.246**
Otros mecanismos adicionales		
Ganancia en cambio neta	12,40	9.524
Posición monetaria neta pasiva en bolívares		1.473
Ganancia por pago anticipado de financiamiento		1.100
Subtotal otros mecanismos		**12.097**
Total ganancias		**36.343**

Fuente: Estados Financieros Consolidados y Auditados 2013.

En la Nota 26, p. 72. Acumulaciones y Otros Pasivos, en Cuentas por pagar al Accionista y Entidades Relacionadas. Pagarés con la ONT, se indica, cito: "Al 31 de diciembre de 2013, 2012 y 2011, las cuentas por pagar a entidades relacionadas incluyen $13.483 millones (Bs. 84.943 millones)... respectivamente, correspondientes a pagarés emitidos a favor de la Oficina Nacional del Tesoro (ONT)".

Obsérvese que una porción de los pagarés emitidos a la ONT se encuentran en propiedad del BCV ($6.770 millones), y un remanente en manos de ONT, que contribuirán a los "acumulados por cuentas por pagar", y generar así ganancias financieras por "posición neta pasiva en bolívares" (véase cuadro anterior)

El monto en pagarés de ONT por $13.438 millones equivale al 90% del renglón Cuentas por pagar a entidades relacionadas. Y aquí se revela lo bizarro, léase bien la nota 26, p. 72, cito: "Durante el año 2013, producto de la variación de la tasa de cambio, Pdvsa reconoció una disminución del pasivo por pagarés denominados en bolívares por $6.770 millones (Bs. 42.651 millones)".

Es decir, esos mismos pagarés y montos a favor de la ONT, pero en propiedad del BCV, que supuestamente se los cobraría el BCV, en los primeros días del enero 2014, con parte de la compra y participación accionaria en ENA, le permiten simultáneamente a Pdvsa registrar un pasivo por pagarés en bolívares por $6.770 millones (que lo hará a principios de enero de 2014, pero que mantiene como deuda al 31 de diciembre de 2013 para obtener ganancias en cambio); y una "ganancia en cambio" por la contribución a la posición neta pasiva de los pagares de la ONT por $7.952 millones. Pdvsa no podía registrar como ingreso adicional por la venta de las acciones de ENA el remanente del pago del BCV ($12 mil millones menos $6.770 millones = $5.230 millones), porque el efectivo lo recibiría en enero 2014 (Se trata de algo verdaderamente asqueroso).

En el cuadro de "Ingresos y Gastos Financieros", nota 12, p. 40, el rubro de "Ganancia en venta de participación" (véanse las notas 10 a, p. 37, Filiales constituidas), por la sola venta (el lunes 30 de diciembre 2013) del 40% de las acciones de ENA al BCV, por $12 mil millones, equivalentes a Bs. 135.600 millones, el cambio a la moneda del reporte (dólares de los Estados Unidos) registro un "ingreso financiero" de $9.524 millones.

De manera que, por una simple venta de una empresa aurífera en papeles al BCV, por un monto equivalente a $12 mil millones, a Pdvsa le ingresan, "libres de polvo y paja", la friolera de $9.524 millones, equivalente al 79,4% del monto de la venta; y el 46,8% del total de los "Ingresos Financieros ($20.347 millones).

Acaso estos "financieros revolucionarios" tenían escondida "la piedra filosofal", o eran descendientes directos del "rey Midas", que convertía en oro todo lo que tocaba... La realidad es que eran parte de la corte del rey Sadim (título honorario invertido de su comandante presidente quien, al contrario del rey Midas, convirtió en desecho toda actividad que secuestró). Ojalá se les otorgue la inmortalidad a sus incondicionales para que paguen con prisión sus delitos.

Lo que no tuvo en cuenta el directorio del BCV es que por ley, por órgano del Ministerio del poder popular para las Industrias Básicas y Minería (ver *Gaceta Oficial* N.º 39.762 del 21 de septiembre de 2011), ese instituto tiene el monopolio de la compra de todo el oro que se obtenga de la actividad minera ejercida en todo el territorio nacional.

No debe olvidarse que el directorio de Pdvsa en el ejercicio del 2013 estaba integrado, entre otros, por Rafael Darío Ramírez Carreño, presidente; Asdrúbal Chávez, vicepresidente de Refinación, Comercio y Suministro; Víctor Aular, vicepresidente de Finanzas; Ricardo Coronado, director interno; Jesús Luongo, director interno; Ower Manrique, director interno; Orlando Chacín, director interno; Nelson Merentes, director externo; Jorge Giordani, director externo. En el directorio del Banco Central de Venezuela, Eudomar Tovar, presidente; Armando León Rojas, director; José Salamath Khan Fernández, director, y Julio Viloria Sulbarán, director.

En 2013 el BCV tuvo tres presidentes: Nelson Merentes, Edmé Betancourt y Eudomar Tovar; Nelson Merentes regresó en 2014 y permaneció hasta 2017.

 Ganancia en cambio

	Año 2013	2012	2011
			[Millones de dólares]
Ganancia en venta de participación (véanse las notas 10-a y 32)	9.524		
Ganancia en cambio, neta	7.817		
Ganancia por posición monetaria neta (véase la nota 4-b)	1.473	301	62
Ganancia por pago anticipado de Financiamiento	1.100	1.978	
Intereses ganados	344	270	241
Intereses sobre partidas al costo amortizado (véase la nota 17)	89	235	16
Ganancia en venta de pagarés (véase la nota32)		209	
Ganancia en canje y recompra de bonos (véase la nota 23)			446
Ajuste al valor razonable de activos financieros, neto (Véanse las notas 14-l y 17)		159	
Total ingresos financieros	**20.347**	**3.152**	765

Mecanismos financieros adicionales de maquillaje contable

Hay otro mecanismo financiero adicional que le permite a Pdvsa reflejar un considerable incremento en las ganancias financieras, denominado "Ganancia en Cambio Neta" (Nota 12, p. 40). Se trata del segundo rubro de importancia en los ingresos financieros, que, en el ejercicio que nos ocupa, 2013, contribuyó con la muy respetable cifra de $ 9.524 millones.

Durante febrero de 2013 fue publicada en *Gaceta Oficial* N° 40.108 la reforma al Convenio Cambiario N.º 14, en la cual se fija el tipo de cambio oficial en Bs. 6,2842 por dólar estadounidense para la compra, y en Bs. 6,30 por dólar estadounidense para la venta (véase la nota 37-h). A la fecha de modificación del tipo de cambio, PDVSA presentaba una posición monetaria neta pasiva en moneda extranjera de $25.050 millones (Bs. 157.815 millones), conformada en su mayoría por bolívares, la cual generó una ganancia neta en cambio de $7.952 millones (Bs. 50.098 millones). Adicionalmente, durante 2013, la Compañía reconoció como parte del diferencial cambiario pérdidas por $192 millones (Bs. 1.169 millones), relacionadas con filiales con moneda funcional bolívares.

La posición monetaria neta pasiva en bolívares, a la fecha de la modificación de la tasa de cambio corresponde principalmente a cuentas por pagar a entidades relacionadas, que incluyen las cuentas por pagar a la Oficina Nacional del Tesoro (ONT) por $14.907 millones; las acumulaciones por pagar a los contratistas (por $10.749 millones) que se presentan en el rubro de acumulaciones y otros pasivos; las cuentas por pagar a proveedores nacionales; deuda financiera en bolívares; el pasivo por beneficios a los empleados (por $13.565 millones) y otros beneficios post-empleo del sector nacional. Los activos monetarios están conformados, principalmente, por las cuentas por cobrar a empresas propiedad del Accionista y otras instituciones gubernamentales; los créditos fiscales por recuperar y los anticipos a proveedores nacionales.

Véase lo curioso del artificio y la fecha en que se reforma el convenio (en que entra en vigencia) y se registra contablemente en Pdvsa (Nota 4-b, p. 13). Esto le permite a Pdvsa mantener sin honrar oportunamente deudas (posición monetaria neta pasiva) en moneda extranjera (en bolívares) sin dar mayor explicación sobre qué conceptos la integran ($25.050 millones); lo que le genera una ganancia neta en cambio, "libre de polvo y paja", de $7.952 millones.

El tercer mecanismo en el orden de importancia para los ingresos financieros lo constituye la "posición monetaria neta pasiva en bolívares", a la fecha de la modificación de la tasa de cambio, correspondiente principalmente a cuentas por pagar a entidades relacionadas, que incluyen las cuentas por pagar a la Oficina Nacional del Tesoro (ONT); las acumulaciones por pagar a los contratistas que se presentan en el rubro de acumulaciones y otros pasivos; las cuentas por pagar a proveedores nacionales; deuda financiera en bolívares, y el pasivo por beneficios a los empleados y otros beneficios post-empleo del sector nacional. Los activos monetarios están conformados, principalmente, por las cuentas por cobrar a empresas propiedad del Accionista y otras instituciones gubernamentales; los créditos fiscales por recuperar y los

Acumuladores y otros pasivos
(Nota 26, Estados financieros consolidados y auditados 2013, 2012 y 2011)

	Año 2013	2012	2011
		[Millones de dólares]	
Cuentas por pagar a entidades relacionadas			
(véase la nota 32)	14.937	35.607	22.998
Acumulaciones por pagar a contratistas	10.749	10.513	6.573
Retenciones y contribuciones por pagar (véase la nota 32)	2.579	2.496	2.055
Regalías y otros impuestos por pagar (véase la nota 32)	3.386	3.376	2.964
Retenciones para el Programa de Empresas			
de Propiedad Social (EPS)	1.442	1.206	785
Cuentas por pagar a empleados	1.356	1.073	710
Anticipos recibidos de clientes	1.066	1.112	1.669
Cuentas por pagar asuntos legales (véase la nota 31-c)	644		757
Cuentas por pagar por incorporaciones de activos			
(Véase la nota 15)	362	468	497
Intereses por pagar (véase la nota 23)	605	695	401
IVA (véase la nota 32)	450	361	265
Cuentas por pagar a participaciones no controladoras	4	310	564
Cuentas por pagar por adquisiciones de filiales			
(Véase la nota 10-b	133	139	219
Dividendos por pagar a las participaciones no controladoras			
(véase nota 22)	2.544	1.750	796
Otros	2.053	1.989	810
	42.310	61.095	42.063
Menos porción corriente	**24.839**	**44.067**	**24.914**
Porción no corriente	**17.471**	**17.028**	**17.149**

anticipos a proveedores nacionales. Que le representan ingresos financieros por la respetable cantidad de $1.473 millones.

El cuarto rubro de importancia para los ingresos financieros es la "Ganancia por pago anticipado de financiamiento".

Se trata de un artificio de vieja data en la revolución tomar préstamos, siempre en los primeros días del ejercicio económico, denominados como financiamientos, en bolívares, de entidades privadas no financieras, a un plazo de 24 meses y una tasa de interés resultante de restar 3% a la tasa activa de mercado, conforme al promedio de los seis principales bancos del país publicado por el BCV; y pagarlos por adelantado, siempre en lo últimos días del

<table>
<tr><td colspan="4">CUADRO 7   Ganancia por pago anticipado de financiamiento</td></tr>
</table>

Año	2013	2012	2011
	[Millones de dólares]		
Anticipo de proveedores y contratistas	3.622	4.724	2.019
Anticipo al Fondo Nacional de la Clase Obrera		606	
Impuesto de la Renta pagado en exceso y por adelantado (véase la nota 32)	101	252	502
Anticipo de contribución especial (véanse las notas 32 y 37-f)	565	453	463
Inversiones al costo (véase la nota 28-b)	10	14	14
Valores negociables véase la nota 28-b)	70	39	190
Seguros pagados por anticipado	742	540	191
Servicios pagados por anticipado	86	52	60
Activos derivados (véase la nota 28-b)	3	7	8
Otros activos	206	313	396
Total	**5.405**	**7.000**	**3.843**

ejercicio económico, de tal manera que los "paga", claro está, de forma anticipada, generando una ganancia muy respetable de $1.100 millones.

Véase bien, retoma los financiamientos en los primeros días del ejercicio siguiente en cantidades superiores y en las mismas condiciones para repetir la gracia el siguiente ejercicio. Ojo, y como se lo permite la Norma Cambiaria, inmediatamente va a acumularse en la cuenta de posición neta pasiva, y engorda la ganancia neta pasiva.

<table>
<tr><td colspan="7">CUADRO 8   Aportes y contribuciones para el desarrollo social</td></tr>
</table>

		Años terminados al 31 de diciembre de					
		2014	2013	2012	2014	2013	2012
	Notas	[Millones de dólares]			[Millones de bolívares]		
Aportes para el Desarrollo Social	32	2.015	7.829	9.025	41.952	47.679	38.808
Contribución especial FONDEN, neta de excención	32 y 35-i	8.507	10.435	14.994	177.116	63.549	64.474
Subvención del Estado a través del FONDEN	30,32 y 35-i	-5.201	-5.241	-6.683	-108.285	-31.918	-28.737
Total		**5.321**	**13.023**	**17.336**	**110.783**	**79.310**	**74.545**

Fuente: Estados Financieros Consolidados y auditados 2014, 2013 y 2012.

Un mecanismo adicional se deriva del hecho de que el Estado, en su voracidad de captar el máximo de la renta, y en vista del alza de los precios del petróleo, se formuló un Decreto con Rango, Valor y Fuerza de Ley que Crea la Contribución Especial por Precios Extraordinarios y Precios Exorbitantes en el Mercado Internacional de Hidrocarburos, y canalizar estos excedentes al fondo parafiscal sin reporte ni control conocido como Fonden, que Pdvsa debía aportar tan pronto quedara hecha la venta; y como quiera que no le puede regresar dinero, se ideó un mecanismo de Subvención del Estado a través del Fonden (¿?), que en esencia le permite una rebaja de la regalía por $5.241 millones.

Una última perla

Cuando se formuló el Presupuesto Nacional para 2013 el Estado estableció el aporte que debía proporcionar Pdvsa (Aportes Corrientes Ordinarios) por un monto de Bs 83.179.648.047 (27,64% del presupuesto nacional), que a una tasa acordada de 4,30 Bs/$, representaban $69.981 millones. Las regalías por $12.068 millones que presentan 62,39% de los ingresos petroleros, y las utilidades por Bs 6 mil millones, equivalentes a $12.068 millones, corresponden al 7,21% de los ingresos petroleros.

El acuerdo con Pdvsa impone que transcurrido el primer semestre del ejercicio, Pdvsa debe enterar al Fisco Nacional la porción correspondiente a las utilidades por Bs 6 mil millones; la regalía se debe pagar tan pronto el barril salga por la boca del pozo. Ahora bien, en "Acumulaciones y Otros Pasivos" observamos que en el cuarto rubro, "Regalías y otros impuestos por pagar", Pdvsa acumuló un monto de $3.386 millones, lo que refleja que no enteró en su oportunidad el 28% de la contribución al fisco por este concepto, y de paso obtiene ganancias en cambio por acumulaciones, y mejora su "ganancia integral".

Más grave aún es que el Estado subvenciona a Pdvsa a través del Fonden un monto de $5.201 millones, y autoriza a Pdvsa a deducir del pago de las regalías; por lo que deja de enterar al Fisco en el ejercicio un monto de $8. 587 millones (equivalente al 71% del aporte por este concepto). Adicionalmente en el renglón Impuesto al Valor Agregado Pdvsa acumuló un monto de \$450 millones.

<table>
<tr><td>CUADRO 9</td><td colspan="4">Presupuesto de ingresos, gastos y operaciones de financiamiento de la república</td></tr>
</table>

CONCEPTO	BOLÍVARES	US$MM		
A. Ingresos corrientes	**300.919.648.047**	**69.981**		
A.1. Ingresos corrientes ordinarios	**300.919.648.047**	**69.981**		
1. Petroleros	**83.179.648.047**	**19.344**	**100,00**	
1.1 Ingresos tributarios	**20.719.295.766**	**4.818**		
Impuestos directos	**20.719.295.766**	**4.818**		
Impuesto a empresas de hidrocarburos públicas Petróleos de Venezuela, S.A.. Casa Matriz y otras filiales (PDVSA)	2.460.352.281	572		
1.2 Ingresos no tributarios	**62.460.352.281**	**14.526**		
Ingresos de dominio petrolero	56.460.352.281	13.130		
Regalías	**51.892.352.281**	**12.068**	**62,39**	
Impuesto superficial de hidrocarburos	147.000.000	34		
Impuesto de Extracción	4.289.000.000	997		
impuesto de registro de exportación	132.000.000	31		
Utilidades, rentas y dividendos	6.000.000.000	1.395		7,21
Utilidades de acciones y participaciones de capital de entes descentralizados con fines empresariales petroleros Dividendos de Petróleos de venezuela, S.A. (PDVSA)	6.000.000.000	1.395		
Tasa de cambio 1US$ = 4,3 bolívares				

Fuente: Ley de Presupuesto para el Ejercicio Fiscal 2013.

Por otra parte, es inconcebible que Pdvsa no haya distribuido los dividendos que adeuda a sus socios extranjeros en las empresas mixtas, y tenga acumulado un monto a repartir de \$2.544 millones. Lo que ocasiona que los socios no vean atractivo alguno en invertir y continuar con su sociedad con Pdvsa.

Segundo caso emblemático

¿Qué dejó en Pdvsa Rafael Ramírez en su ejercicio de 2014 a su sucesor? Después de más de diez meses al frente de Pdvsa el resultado de su gestión no habría podido ser más devastador. Esto se aprecia al observar el ejercicio del balance operacional en el cuadro "Estados Consolidados de Resultados Integrales", donde la "ganancia bruta" de sus operaciones medulares presenta un déficit de $8.773 millones (en rojo rojito), que contrasta con el correspondiente al ejercicio de 2013. Además no deja duda alguna del cuantioso déficit de Caja Operacional. No obstante, los magos financieros de Pdvsa tienen el descaro de mostrar una ganancia integral para el ejercicio de $12.465 millones, caso igual al reportado en 2013, pero sin tener cesiones mineras de piedras preciosas, uranio, cobalto y coltán que venderles al BCV.

CUADRO 10 — **Estados consolidados de resultados integrales**
(rubros relacionados con operaciones medulares; y ajustes de no medulares)

	Año 2014	2013	2012	2011
		[Millones de dólares]		
Ingresos				
Ventas de petróleo crudo, sus productos y otros	105.271	113.970	124.459	124.754
Costos, gastos e ISR				
Costos y gastos (incluye regalías y otros impuestos)	108.153	97.623	98.661	90.157
Impuesto Sobre la Renta	5.891	7.845	7.279	2.007
Total costos, gastos e ISR	**114.044**	**105.468**	**105.940**	**92.164**
Ganancia bruta [ingresos - costos, gastos e ISR)]	**-8.773**	**8.502**	**18.519**	**32.590**
Ganancia integral (reflejados en los respectivos EFCA)	**12.465**	**12.907**	**5.149**	**4.447**

Fuente: Estados Financieros Consolidados y Auditados 2014, 2013, 2012 y 2011

Los ingresos financieros fueron de $23.168 millones; ganancia en cambio en virtud de los ajustes favorables de los convenios cambiarios por $17.966 millones[3]; ganancia por "inflación"

---

3   Pdvsa operó con cinco (5) Convenios Cambiarios; N.° 24, *Gaceta Oficial* N.° 40.324, fecha de vigencia 30 de diciembre de 2013; Convenio Cambiario N.° 27, *Gaceta Oficial* N.° 40.368, fecha de vigencia 14 de marzo de 2014; Convenio Cambiario N.° 28, Gaceta Oficial N.° 40.378, fecha de vigencia 4 de abril de 2014; Convenio Cambiario N.° 30, Gaceta Oficial N.° 40.504, fecha de vigencia 24 de septiembre de 2014; Convenio Cambiario N.° 32, Gaceta Oficial N.° 6.167, fecha de vigencia 30 de diciembre de 2014. Este último establece que la liquidación de las operaciones de venta de divisas efectuadas por Pdvsa al BCV, derivadas de financiamientos, instrumentos financieros y cobro de deudas, provenientes de actividades u operaciones de exportación y/o venta de hidrocarburos efectuadas en el marco de los Acuerdos de Cooperación Energética, se hará a cualesquiera de las tasas de cambio oficiales a que se contraen los convenios cambiarios vigentes (Para aprovechar la máxima tasa, del día martes de 30 de diciembre del 2014, antes del cierre del ejercicio económico de 2014).

de $2.515 millones; reverso del costo de obligaciones por retiros de activos (abandono de los pozos, que consisten en desmantelar y remover sus instalaciones y restaurar el sitio) por $1.852 millones; gastos pagados por anticipado por $7.977 millones; "porción no corriente de acumulaciones y pasivos" (los bolívares que no puede honrar y difiere para años posteriores, y se beneficia por la moneda del reporte) por $17,471 millones; las cuentas por pagar a entidades relacionadas por $7.438 millones (incluyen pagarés al BCV por $6.251 millones; el Fondo Simón Bolívar efectuó un préstamo sin intereses y vencimiento a Pdvsa por $2.857 millones; pagarés con la Asociación Civil Administradora de los Fondos de Pensiones de los Jubilados de Petróleos de Venezuela, S. A. por $437 millones (Bs. 9.098 millones, que revela la irresponsabilidad de la Junta Administradora de APJ-PDV de fondear a Pdvsa en vías de colapso con dinero de los jubilados); anticipos recibidos de clientes.

Durante el año 2014, la filial Pdvsa Petróleo suscribió acuerdos con TNK Trading International, S. A., subsidiaria de Rosneft Oil Company, para la instrumentación de operaciones de venta de crudo y productos, la cual establece un pago anticipado de $4 mil millones (Bs. 83.280 millones) y $1.533 millones de otros clientes; cuentas para proveedores por $20.855 millones. Subvenciones del Estado: durante el año terminado el 31 de diciembre de 2014, Pdvsa recibió subvenciones del Estado por gastos ya incurridos a través del Fonden de $5.201 millones (Bs. 108.285 millones), un juego mediante el cual Pdvsa le entrega al Fonden para aparentar que le aporta $8.507 millones, pero el régimen, consciente de que Pdvsa tiene déficit, le permite descargar de la "regalía" $5,201 millones, y todos felices como una paloma. ¡Qué esperanza para la recuperación de Pdvsa si se le entrega la conducción de este vasto emporio de empresas a un militar que no ha administrado ni el presupuesto de su casa!

   Ingresos financieros

Año	Notas	2014	2013	2012
			(Millones de dólares)	
Ingresos financieros				
Ganancia en cambio de moneda extranjera, neta	25-a y 35-a	17.966	7.817	
Ganancia por efecto de la inflación sobre la posición monetaria neta del ejercicio	3-b	2.515	1.473	301
Reverso del costo de obligaciones por retiro de activos	3-q	1.852		
Ajustes al valor razonable de activos financieros, neto	11-l			
Ganancia por pago anticipado de financiamiento		477	1.100	1.978
Intereses ganados		271	344	270
Ganancia en venta de participación	27a y 32-c		9.524	
Intereses sobre partidas al costo amortizado	14	87	89	235
Ganancia en venta de pagarés	32			209
Total ingresos financieros		**23.168**	**20.347**	**2.993**

Obsérvese que la "ganancia en cambio de moneda extranjera" se duplicó en comparación con el 2013.

¿Quiénes fueron los genios financieros que perpetraron este desaguisado? En primer lugar aparece un personaje que después de una larga carrera en Pdvsa y sus filiales fue obligado a renunciar de su cargo de director de finanzas de Palmaven, filial de Pdvsa, lo que lo descalificaba para retornar a la Industria Petrolera. Se trata de Eudomario Carruyo, que fue llevado de vuelta por Rafael Ramírez (padre) como su adjunto cuando fue designado comisario de Pdvsa por su compadre, y compañero de aventuras guerrilleras, Alí Rodríguez Araque. Carruyo fue integrado como director de finanzas de Pdvsa.

Tal y como él mismo se describe, fue "el artífice de la coordinación de los cierres contables de los ejercicios económicos de los años 2002, 2003, 2004 y 2005 de Pdvsa, culminando con la entrega de los estados financieros auditados y los correspondientes informes para la SEC".

Su estrecha relación con el padre de Rafael Ramírez Carreño lo llevó a ser de "extrema confianza" de su hijo, para cubrirle las espaldas. Actividad que realizó con la mayor discreción y eficiencia posible.

Hoy, gracias a la tenaz y decidida actuación del órgano jurisdiccional del gobierno de los Estados Unidos, se ha podido ir descubriendo la colosal trama de la corrupción que le está llegando cerca a Rafael Ramírez. Se le cerraron las puertas en Venezuela, por lo que se encuentra asilado en un paraíso del delito, y enfrenta un litigio en los Estados Unidos, en el que lo defiende uno de los más eficientes abogados especializados en el delito del cuello blanco.

Contó además Carruyo con la ayuda, nada despreciable, de Francisco Illaramendi, que en pago de los servicios pasó seis (6) años en un presidio de Estados Unidos. Este personaje es uno más entre varios cuya responsabilidad habrá que esclarecer.

Además de estos genios financieros resalta la solidaridad cómplice de la Junta Directiva de Pdvsa en pleno, las autoridades del Banco Central de Venezuela, los ministros de adscripción de la Oficina Nacional del Tesoro, de Bandes, del Fonden, y pare de contar. Rafael Ramírez pretende, sin embargo, que su gestión fue exitosa, pero por más caradura que sea su gestión no aguanta una auditoría seria.

Comparsa de destrucción

La denominada Empresa Nacional del Oro, S. A. nunca arrancó en manos de Pdvsa y el BCV. La Corporación Minera Nacional fue transferida al Ministerio del poder popular de Desarrollo Minero Ecológico, dirigido por los militares y, paradójicamente, para nada se cuida la ecología. Todo lo contrario, la depredación salvaje del arco minero es espeluznante, se está erosionando toda la capa vegetal y los cimientos de los árboles; se contamina con mercurio para amalgamar y extraer el oro; se envenenan los ríos; reinan la corrupción y la muerte a cargo de bandas de forajidos. Y el BCV nada recibe de ese festín del oro.

Ya todo está dicho y sustentado con evidencias. Durante la década de su gestión Rafael Ramírez se desempeñó a la perfección como comparsa en el maquiavélico proyecto de su venerado comandante presidente: la destrucción progresiva de Pdvsa. No pudo haberlo interpretado mejor.

Desaparecidos su principal soporte y su mentor se desatan las pasiones reprimidas de sus adversarios, que son muchos, y arrastran a otros. Comienza entonces su calvario con el sol a sus espaldas. La revolución necesita de un "cabeza de turco", y quién mejor que él por su cercanía al líder desaparecido, su rápido ascenso a la cumbre del poder, y la envidia y odio que desató entre los miembros de la cúpula. El nuevo líder de la revolución ya lo marcó, y en cadena van certeros en su ataque. Razones sobran, la burocracia, la corrupción, el nepotismo, la petulancia, la impreparación y los pésimos resultados. Pero de tonto no tiene un pelo (aunque refleja una incipiente calvicie). Sabe mucho de secretos de Estado, de sus acusadores y enemigos, y guarda muchos documentos que puede esgrimir en su defensa. Pero la historia ya está revelando sus engaños, y es cuestión de tiempo para que la justicia se imponga.

Anexo
Artículos del autor en que se señala la desastrosa situación de Pdvsa.

- Realidad económica de la industria petrolera venezolana y de su casa matriz Pdvsa
  (Versión: 27 de octubre de 2010)
  http://www.soberania.org/Archivos/Realidad_eco_indus_petrolera_venezolana.pdf
- martes, 24 de abril de 2012
  Sergio Sáez: ¿Qué nos revelan los estados financieros consolidados de Pdvsa para el 2011?
  http://redinternacionaldelcolectivo.blogspot.com/2012/04/sergio-saez-que-nos-revelan-los-estados.html
- Viernes, 18 de mayo de 2012
  Sergio Sáez: Análisis del presupuesto de ingresos y gastos de Petróleos de Venezuela, S. A., 2012.

http://redinternacionaldelcolectivo.blogspot.com/2012/05/
sergio-saez-analisis-del-presupuesto-de.html

- Las afirmaciones del ministro de Petróleo y Minería y presidente de Pdvsa pretenden esconder su desastrosa gestión. Sergio Sáez. Publicado el 25/09/2012
http://www.frentepatriotico.com/inicio/2012/09/25/las-afirmaciones-del-ministro-de-petroleo-y-mineria-y-presidente-de-Pdvsa-pretende-esconder-su-desastrosa-gestion/
http://www.petroleumworldve.com/edito12092501.htm

- El descaro de la ¿quebrada? Pdvsa: las cifras de su ejercicio fiscal 2012. 13/09/2013
http://runrun.es/runrunes/82178/el-descaro-de-la-quebrada-Pdvsa-las-cifras-de-su-ejercicio-fiscal-2012.html

- Pdvsa: en la carraplana - comprobable
http://www.petroleumworldve.com/guilla013030601.htm
Sergio Sáez / 06 03 2013 / sergiosaez@gmail.com

- ¿Cuán comprometida está Pdvsa con el presupuesto 2013? Sergio Sáez

- ¿Cuál será el aporte de Pdvsa al presupuesto nacional 2014? Sergio Sáez. Auditor social

- Caracas, 24 de octubre de 2013
http://www.petroleoyv.com/website/uploads/aportePDVSA-alPN2014.pdf

- ¿Por qué Pdvsa dejó de generar renta petrolera?
http://www.soberania.org/2015/07/02/por-que-Pdvsa-dejo-de-generar-renta-petrolera/

- ¿Es viable el presupuesto de ingresos y gastos de Pdvsa y sus empresas filiales 2014?
http://coener2010.blogspot.com/2014/05/es-viable-el-presupuesto-de-ingresos-y.html

- ¿Cuál será el aporte de Pdvsa al presupuesto nacional 2014? Sergio Sáez. Auditor social. Caracas, 24 de octubre de 2013
http://www.petroleoyv.com/website/uploads/aportePDVSA-alPN2014.pdf

- Consideraciones sobre el aporte de Pdvsa para reformulación del presupuesto de la nación para 2015.
  http://analitica.com/opinion/consideraciones-sobre-el-aporte-de-Pdvsa-para-peformulacion-del-presupuesto-de-la-nacion-para-2015/
- Sergio Sáez: La gravedad del punto de cuenta de Ramírez a Hugo Chávez
  http://www.petroleumworldve.com/edito11122501.htm

CAPÍTULO 9

LA CATASTRÓFICA EXPLOSIÓN DE AMUAY

Rómulo Estanga

Durante la presidencia de Rafael Ramírez Carreño en Pdvsa, entre 2004 y 2013, se diseñó un plan bien estructurado que dio inicio al proceso de destrucción de la industria petrolera venezolana. Esto sucedió porque prevalecieron las ideologías, los intereses personales (en especial, por el dinero), las tentaciones de poder y la corrupción sobre la cultura de generación de ingresos y bienestar de la nación, y sobre la eficiencia, productividad, seguridad, confiabilidad y responsabilidad social de la empresa.

Una de las consecuencias de esta cultura de soberbia y corrupción fue la catastrófica explosión de Amuay, que no solamente sirvió de ejemplo para demostrar cómo se estaban manejando las instalaciones de la industria petrolera, sino que dio inicio a un proceso de investigación sobre la opacidad en las negociaciones de los seguros y reaseguros de Pdvsa. Actualmente en curso, esa investigación reveló un entramado de corrupción para lavar dinero a través de la Banca Privada de Andorra.

Este informe se sustenta en documentación de soporte, proveniente de diferentes fuentes, para demostrar la opacidad, la incompetencia y el irrespeto a la dignidad de las personas que hubo en el manejo de la catastrófica explosión y la tragedia en la Refinería de Amuay. Fueron consultadas también fuentes de información provenientes de las investigaciones sobre la opacidad de las negociaciones de seguros y reaseguros de Pdvsa durante la presidencia de Rafael Ramírez Carreño.

En el informe solo se presentan resúmenes de los documentos, los detalles se podrán encontrar en las referencias que indicamos numéricamente, listadas al final del artículo.

Resumen conciso del evento de Amuay

El 25 de agosto de 2012 a la 1:07 am se produjo una explosión, seguida de una onda expansiva, en la Refinería de Amuay perteneciente al Centro de Refinación de Paraguaná. Como consecuencia del evento fallecieron 47 personas, cifra que aún no ha sido corroborada; hay fuentes que informaron de 70 muertos y 5 desaparecidos; en cuanto a heridos se manejó la cifra de 150 personas; algunas de ellas quedaron discapacitadas. Los daños materiales en la refinería, incluyendo áreas adyacentes, fueron estimados en 2.200 millones de dólares (incluyendo el costo de inventarios en tanques). No se incluyó en esa cuenta el lucro cesante del tiempo fuera de servicio de plantas, tanques y otras infraestructuras de la refinería. Al momento del evento el gerente general de la refinería era Jesús Luongo (ver referencia 1).

De acuerdo con la información oficial de Pdvsa el evento se produjo por súbita fuga de GAS (Olefinas) en la brida del cuerpo de una bomba vertical de olefinas en el Bloque 23 por aflojamiento de pernos, que eventualmente sufrieron elongaciones y otros daños metalúrgicos. Pdvsa en su informe lo atribuye a un sabotaje (2, 3).

El 9 de septiembre de 2013, Pdvsa ofreció una presentación sobre el accidente de la Refinería de Amuay en la que concluyó que fue ocasionado por una acción de "sabotaje". Afirmó que "se encontraron aflojados siete de ocho espárragos de la base de la bomba de olefinas P-2601 del Bloque 23", hecho que calificaron como "acción intencional de terceros interesados en provocar una catástrofe" (2, 3).

RMG Risk Managment Group habla sobre Amuay

Notablemente pronto, el 5 de septiembre de 2012, una organización llamada Grupo de Gerencia de Riesgo, siglas en inglés RMG (Risk Mgmt Group), reportó su versión. RMG elaboró una presentación de 41 láminas descriptivas en internet detallando su visión de los detalles del incidente. Algunos de sus resultados se presentan aquí (3, 4).

RMG no identificó el evento inicial sobre la fuente de la fuga, excepto que esta estuvo en el área de la bomba. RMG indicó que su reporte estuvo basado en la información disponible en la web, sus bases de datos y sus contactos en la industria. En el prefacio de su presentación expresaron esto: "Nosotros creemos que una simulación aproximada del evento y los hechos han sido desarrollados, describiendo el mejor conocimiento de los hechos y las consecuencias sin garantías y juicio de ningún tipo" (3, 4).

RMG critica duramente la operación de la refinería. Alega que había una fuga en las bombas de olefinas desde hacía varios días y sugiere que podría estar localizada en el sello del eje de la bomba. Además, RMG indica que la refinería confió en la tendencia del viento predominante para dispersar los vapores, el cual tiene una densidad más alta que la del aire y por lo tanto se mantenía a nivel del suelo (3, 4).

La lámina 10 de RMG lo describe así: "Luce que operacionalmente se decidió mantener el equipo en operación para mantener la producción, confiando en que el viento dispersaría los vapores" (3, 4).

El viernes en la noche el viento se calmó. No había dispersión atmosférica y la fuga de gas no se dispersó. La nube de los gases inflamables más pesados que el aire se propagó. El Grupo de Gerencia de Riesgo elaboró una serie de modelos visuales que ilustran cómo los vapores fueron diseminándose en los lugares bajos y envolvieron progresivamente el área con el tiempo. Las proyecciones de la formación de la nube fueron superpuestas en una vista aérea del área. A medida que pasa la presentación se visualizan los lugares y el impacto del incendio repentino y las explosiones (3, 4).

Si se examina cualquier boceto de diseño en retrospectiva aparentemente parece que el Campo de la Guardia Nacional que incluye las viviendas de las familias y otras casas residenciales estaban localizados demasiado cerca del área donde ocurrió la explosión. La planta de lubricantes también estaba muy cerca.

The Economist revela problemas subyacentes

Antes y después de la tragedia, *The Economist* reportó algunos problemas subyacentes. Ese y otros medios informaron que la refinería tenía problemas después del paro laboral del 2002 contra del presidente Hugo Chávez debido a las políticas gubernamentales de izquierda. El paro fue apoyado por los empleados y gerentes de Pdvsa. La declinación de la efectividad operacional de la empresa comenzó en el año 2003, después del paro, cuando el Presidente despidió más de 20 mil trabajadores, supervisores y gerentes (3, 5, 6).

De acuerdo con *The Economist*, el presidente de Pdvsa, Rafael Ramírez, solamente contrató chavistas o personal de apoyo del presidente Hugo Chávez para las refinerías. Ramírez llenó la compañía con miles de leales al régimen, y permitió que Chávez usara Pdvsa como su caja chica apara apoyar a la "revolución socialista" (3, 6). Estos trabajadores posteriormente llegaron a conformar el Partido Socialista Unido de Venezuela (3, 5).

En febrero de 2012, seis meses antes del desastre de agosto, hubo un significativo derrame de petróleo. *The Economist* reportó:

> Una cuenta completa del último derrame está muy lejos. Sin embargo, José Boadas, el jefe del sindicato petrolero, mencionó la falta de mantenimiento y corrupción. "Pdvsa está cayéndose en pedazos", mencionó. "Si tú eres miembro del PSUV, no importa si eres incompetente" (3, 5).

La investigación del Centro de Orientación de Energía

Este informe es el resultado de la investigación realizada por un equipo técnico integrado por profesionales del comité de manufactura del Centro de Orientación en Energía (Coener). Incluye aportes de información y análisis de diversos especialistas vinculados con la actividad de Refinación de Petróleo, en sinergia con varias instituciones y ONG que abordaron el tema inmediatamente luego de que ocurrió la tragedia. Es importante destacar que el contenido y estructura del informe cumple rigurosamente con la normativa del SIR-Pdvsa (1) (Guía SI-S-22 sobre Investigación de Accidentes e Incidentes, versión 2001), lo que generó un voluminoso documento (1).

Según los resultados del análisis, la explosión fue causada por la ignición de una nube de gas creada por un escape incontrolado de olefinas (componentes inflamables producidos en el proceso de refinación), cuya causa más probable fue el colapso del sello mecánico de una o más de las bombas P-200 A/B/C, ubicadas al pie de las esferas TK 208 y 209, en el área de almacenamiento del Bloque B23 de la Refinería Amuay. La nube de gas se esparció en un área extensa, originando el fenómeno denominado "explosión de una nube de gas en un espacio no confinado" (1).

Entre las conclusiones del reporte de investigación de Coener destaca que el accidente de Amuay fue causado por el abandono de los protocolos de operaciones y mantenimiento, y por negligencia ante la evidencia de la fuga de gas de por lo menos 10 horas antes del evento (1).

Olga Valdez, especialista en el área de seguridad, en su informe de investigación del incidente comenta: "el reporte de Coener luce creíble y comprensible, además se presentan 10 recomendaciones contundentes (3).

El *Global Barrel* critica el manejo de Amuay

El artículo del *Global Barrel* del 30 de agosto de 2012 expresa una crítica severa a las operaciones y la falta de mantenimiento de la refinería de Amuay, cinco días después del incidente. El texto aparece en internet bajo el título "Amuay refinery disaster: Syrian naphtha & Chavez' petroleum revolution in flames, firmado por el Dr. Thomas W. O´Donnell (3, 7), quien destaca:

Este es el peor desastre en la moderna historia petrolera de Venezuela y uno de los peores accidentes alrededor del mundo. Esta semana, en toda Venezuela, el presidente Chávez y el liderazgo de Pdvsa han sido objeto de fuertes críticas e indignaciones públicas (7).

El próximo parágrafo comienza con esta frase de censura: "está muy claro que las políticas partidistas (las ideologías) del Estado venezolano contribuyeron a este desastre".

O´Donnell reportó que casi todas las fatalidades no fueron trabajadores que vivían o trabajaban fuera de la refinería. Varias fuentes estimaron que fueron 47 muertes. Un empleado de la refinería reportó por su teléfono que estaba muriendo y cinco empleados de la planta privada de lubricantes, adyacente a la refinería, también murieron. El resto de los muertos fueron residentes cercanos a la refinería. El *Global Barrel* señaló detalles de las fatalidades:

Cuando un tanque de una refinería explota, la gente que se encuentra más allá del perímetro de la refinería no debería morir o sufrir significantes heridas. Nunca jamás. En Amuay un trabajador murió dentro del área de la refinería, lo cual es una tragedia industrial. Sin embargo, las 40-47 muertes remanentes no deberían haber ocurrido, no importa qué tipo de explosión tuvo lugar en la refinería (7).

El *Global Barrel* enumera la muerte de cerca de 20 miembros "de una unidad de ingeniería de la Guardia Nacional que hacían trabajos de reparación en el aeropuerto local, más los miembros de sus familias que permanecían con ellos en las barracas". Esas barracas estaban fuera del perímetro de la refinería, señala el periódico, y agrega: "El hecho fue que los 40-47 de muertos se encontraban en la zona sureste, fuera del perímetro de la refinería, más allá de la carretera". Esto demuestra que las construcciones donde murieron *ipso facto* "fueron construidas sin criterio técnico", critica *Global Barrel,* "sin estar preparadas para prevenir una explosión, en una zona de contingencia entre la refinería y el área residencial" (7).

La refinería de Amuay inició sus operaciones bajo la administración de Creole Petroleum Corporation en 1950. No hay dudas de que la comunidad creció alrededor de la refinería a lo largo de los años, sin pensar técnicamente en una zona de protección entre las residencias y la refinería.

Las fuentes de *Global Barrel* le informaron sobre las constantes reprogramaciones y cancelaciones de las paradas de plantas en la refinería de Amuay, lo cual ya era para los contratistas de la zona una situación normal. Los siguientes dos parágrafos del artículo, publicado cinco días después de la catástrofe, dan una idea de la forma como fue visto el mantenimiento en Amuay por parte de *Global Barrel*. Citamos en extenso (3)

Hay reportes reveladores escritos por venezolanos de amplia experiencia, incluyendo ingenieros retirados de Pdvsa, sobre las constantes reprogramaciones y cancelaciones de las paradas de plantas en la refinería de Amuay y otras refinerías desde hace 5 años. En 2009, yo hablé con un contratista privado local en Maracaibo, quien estaba totalmente frustrado por la cancelación de contratos para reparar y mantener a este complejo, y la situación se ha venido empeorando aún más. En aquel momento, cuando le pregunté al personal de Pdvsa y de la Asociación Estratégica en Maracaibo y Caracas sobre la eficiencia de la refinería, una respuesta sarcástica fue: "¿Qué eficiencia?". Y, cuando le pregunté a gente con acceso al presidente Chávez sobre el mantenimiento de las refinerías, me respondieron que ha habido una decisión reciente de dar más dinero a las refinerías, y me aseguraron que el problema ya está en vía de solución. Eso fue en el 2009 (7).

 Una de mis preguntas en ese momento fue: "¿Por qué es algo que es decidido en Miraflores?". Se generó una discusión acerca de la necesidad de dejar suficientes ganancias en las industrias del Estado, bajo gobiernos capitalistas o socialistas, o si ellos tendrían la autodeterminación para mantener su viabilidad. Las teorías políticas partidistas hay que dejarlas de un lado, basta con decir que estas refinerías están cercanas a ser una cadena de desastres, esperando que ocurran en cualquier momento (7).

Uno no puede decir que cualquier accidente particular es debido a un patrón de pobre mantenimiento sin una investigación completa. Después de todo, un meteoro puede golpear a la refinería mejor mantenida. Sin embargo, uno sí puede decir que este accidente de Amuay es uno en la serie de los accidentes en las refinerías de Venezuela en los últimos cinco años, más o menos. Esta tendencia general se mantendrá debido a la política de gerenciar con ideologías (incompetencia) y el diferimiento del mantenimiento (7).

Informe de la reaseguradora QBE

En marzo de 2012, aproximadamente seis meses antes del incidente, un reporte completo del seguro de propiedad, titulado "Risk Improvement Recommendations Update", fue presentado por la reaseguradora QBE Marine and Energy Syndicate (3, 8). Fue desarrollado como seguimiento a un informe de 2010 para las aseguradoras. En ese informe, de 54 páginas, hay dos puntos (páginas 5 y 6), escritos por Olga Valdez, que me llamaron la atención (3); uno se relaciona con las reprogramaciones de las paradas de plantas y el otro con los incidentes:

> El mantenimiento mayor o *turnarounds* parece haber sufrido retrasos, típicamente de uno o dos años, apoyados por "evaluaciones técnico operacionales". Sin embargo las grandes refinerías, con multiplicidad de unidades, tienen mucha posibilidad de dar flexibilidad operacional para evitar estos retrasos. Se espera que la nueva organización de PDV Mantenimiento reversará la tendencia de los retrasos de los mantenimientos mayores (8).
>
> En el 2011 hubo 222 incidentes reportados, incluyendo aprox. 100 incendios, muchos de ellos fueron en trincheras contaminadas. A pesar de que hay un buen procedimiento de investigación de incidentes, estamos decepcionados por lo poco que se ha progresado, más allá que el nombramiento de un comité de estudio, solo 9 casos fueron cerrados. recomendaciones llevadas a cabo.

Lo anterior demuestra la poca cultura de Pdvsa en el área de la seguridad.

Análisis de Coener sobre la causa del evento

La información presentada por Pdvsa fue analizada por especialistas que integran el Centro de Orientación en Energía (Coener), y objetivamente se llegó a la conclusión de que el argumento del sabotaje no tenía sustento técnico alguno. Por el contrario, este informe reforzaba la tesis de que las causas de la fuga de gas, la secuencia de eventos previos a la explosión e incendio y la lamentable ausencia de los sistemas de alarma, del accionar efectivo del sistema contra incendios y de la aplicación oportuna de adecuados procedimientos de evacuación, fueron consecuencia de serias deficiencias operacionales y de mantenimiento (1).

Compromisos y recomendaciones que deben ser cumplidos

Cada año, al cumplirse el aniversario de la tragedia de Amuay, organizaciones que agrupan a profesionales del sector energético, específicamente en el área petrolera, reiteran los compromisos y las recomendaciones que deben ser cumplidas por los organismos competentes. A ochos años de haber ocurrido esta tragedia continúan pendientes estos compromisos y acciones, a saber:

- Indemnizaciones a familiares de todos los fallecidos y heridos, así como también a aquellas personas cuyos bienes se vieron afectados por este desastre, y que buscan respuestas a las interrogantes básicas que surgieron desde el primer día de esta tragedia. Al respecto, Coener introdujo una petición de amparo a las víctimas directas e indirectas de la explosión en la Refinería de Amuay, ante el Tribunal Supremo de Justicia, trece días después de ocurrida la tragedia. Aún se espera por la debida respuesta de este organismo (9-10).
- Otros entes responsables de este asunto, que se comprometieron a publicar su respectivo informe y a pronunciarse sobre este evento, como fue el caso del Ministerio Público, tampoco lo han hecho. Lo más grave y preocupante es que hasta ahora no se hayan presentado oficialmente por parte

de Pdvsa recomendaciones orientadas a evitar que ocurran nuevamente tragedias de esta magnitud (9-10).

- En el reporte de investigación de Coener se presentaron 10 recomendaciones contundentes que deben ser tomadas en consideración para evitar la recurrencia de accidentes similares en la Industria Petrolera Nacional (1).

Soportes de la opacidad y de la corrupción

A pesar de la magnitud del accidente de Amuay, se desconocían los contactos de Pdvsa con la reaseguradora. Se inició un proceso de investigación a través de los medios, donde se comenzó a denunciar la negociación con los seguros y la reaseguradora. En este informe se señalan las referencias de las diferentes fuentes que han presentado denuncias e información al respecto (11, 12, 13, 14, 15, 16).

También hay evidencias sobre el entramado de corrupción, magistralmente diseñado para lavar dinero producto de las coimas cobradas desde Pdvsa, desde 2006 hasta 2012, donde se efectuaron operaciones financieras desde Venezuela que involucraron el manejo de 4.200 millones de dólares, durante la presidencia de Rafael Ramírez Carreño en Pdvsa (desde 2004 hasta el 2013). Para ahondar en el tema se incluye dentro del cuerpo del informe una parte elaborada por *Maibort Petit,* titulado "La trama de corrupción mediante la cual Diego Salazar y sus socios lavaron dinero en la Banca Privada de Andorra (BPA), del 31 de diciembre de 2018 (16).

La rogatoria del Tribunal de Andorra

En nuestras manos reposan documentos emanados de la Sección de Instrucción Especializada I de la Bastilla de Andorra, a cargo de la jueza de instrucción de delitos económicos del Principado de Andorra, Canólic Mingorance Cairat, que constituyen una rogatoria internacional (16) dirigida específicamente a la Fiscalía General de la República Bolivariana de Venezuela en el año 2012. En esos documentos se informa a este último despacho que se encuentran en las diligencias previas que apuntan a indagar la presunta comisión del delito de blanqueo de dineros o valores por parte de Luis Mariano Rodríguez Cabello, Nervis Villalobos Cárdenas y Diego Salazar Carreño.

La jueza se encontraba en una operación de rastreo para determinar si la red de Salazar utilizó el conjunto de cuentas que maneja en la BPA para cobrar comisiones ilegales a empresas extranjeras que obtuvieron contratos milmillonarios con Petróleos de Venezuela, S. A. (Pdvsa).

Las investigaciones periodísticas indican que los protagonistas de esta trama llevaron a cabo maniobras financieras para enviar el dinero desde el Principado de Andorra a paraísos fiscales como Suiza o Belice, para lo cual se valían de una estructura diseñada para enmascarar fondos.

Piden información al Ministerio Público venezolano acerca de si existen investigaciones abiertas por corrupción contra de Luis Mariano Rodríguez Cabello, Estibaliz Basoa de Rodríguez, Diego Salazar Carreño, Rosycela Díaz Gil, Omar Jesús Farías Luces, José Luis Zabala, José Enrique Luongo Rotundo, Nervis Gerardo Villalobos Cárdenas, Javier Alvarado Ochoa.

El oficio del Tribunal de Andorra, identificado con el número 4103434/2012 precisa que las primeras diligencias realizadas indican que estas personas están involucradas en hechos de corrupción.

También se menciona a Luis de León Pérez, Julia Van Den Brule, Ingrid Sánchez Rosales, Antonio Salvador Lozano, Albino Ferreras Garza, Francisco Rafael Jiménez Villarroel, Mariela Matheus Baptista, Fidel Ramírez Carreño, Hugo Bolívar Farías, Hercilio Rivas Sierra, José Ignacio de Oyeta, Leonardo Díaz Paruta, Eubén Figuera Olivari, Luis Oberto Anselmi, Ignacio Oberto Anselmi, Eudomario Carruyo.

La solicitud se extiende a las empresas Gasehll International INC, Petroindependencia, S.A., Petrocarabobo, S.A., Administradora Atlantic 17107, Cartera de Activos Cho La Pass 190654, C.A., Welk Holding Limited, Vamshore Enterprises LTD., Memoser Compañía de Seguros. S.A., Wetshore International Limited,

Baychester Invesments, S.A., Baluja International Limited, Lutmill International S.A., Fundación Tierramar Hall, Vida I Patrimonio Corretaje de Seguros, S.A., ISB Sociedad de Corretaje de Seguros i Reaseguros, C.A., Lomond Overseas, S.A., Mills Advisors, S.A., Trismas Foundation, Monterrey Management Limited, Tristaina Trading, S.A., Josland Investments, S.A., Megana International LTD., Highland Assets Corp., High Rise Proyects, S.A., Central Bertfort, S.A., Fundación Caixa Bella, Worldwide Traders Line, S.A., Red Bouquet Fundation, Calabria Overseas, S.A., I.S.B. Sociedad CS, S.A., Antigua Omega INC., Adriatic Global International, Oswald International Limited, Palmill Investments, S.A., Eagle Universal Corp., Tecal Trading INC., High and Low Profile, S.A., DT Investments and Consulting CV., Unovalores LTD., Lairholt Finance Limited.

La instancia judicial de Andorra también pidió al Ministerio Público de Venezuela determinar si el origen de los fondos ingresados en el Principado responden a actividad empresarial lícita o, por el contrario, a servicios de intermediación que se limitan a conseguir contratos o condiciones mejores con empresas estatales a cambio de comisiones o beneficios que perciben autoridades o funcionarios públicos.

Esta solicitud, refiere la representante del Consejo Superior de Justicia del Principado de Andorra, se formula de acuerdo con los efectos del artículo 18 de la Convención de Palermo, relativo a la asistencia judicial recíproca entre los estados partes.

Antecedentes del caso

Expone el tribunal que entre los años 2006 y 2012 se efectuaron una serie de operaciones financieras, a saber, transferencias, que las investigaciones señalan que están relacionadas entre sí. Agrega que el denominador común era que todas las persones físicas son de nacionalidad venezolana, mientras que las sociedades utilizadas para llevar a cabo las transferencias de fondos del extranjero en el Principado de Andorra, o viceversa, son mayoritariamente de Panamá, Belice o Islas Vírgenes Británicas.

El sistema bancario andorrano está siendo utilizado para transferir a través de sus cuentas el dinero proveniente o destinado internacionalmente, con el objetivo de hacer difusa su procedencia real. Refiere el documento que para el momento –2012– el importe de las transacciones financieras hacia Andorra sumaba unos 1.350 millones de euros, que se movilizan tanto en la moneda europea como en dólares estadounidenses.

Se presume que el dinero que circula internacionalmente tiene un origen delictivo de corrupción política y/o de funcionarios del Estado venezolano, por lo que parte de los fondos también procederían presuntamente de contratos sobrevalorados en materia de seguros y de empresas públicas venezolanas.

Las personas físicas y jurídicas relacionadas con las investigaciones adelantadas por el tribunal andorrano se detectan en la Banca Privada de Andorra, BPA, en cuentas cuyos titulares son Diego Salazar Carreño, Nervis Villalobos, Omar Jesús Farías Luces, Luis Mariano Rodríguez Cabello, entre otros, quienes mantienen relaciones personales y económicas globales.

Estas relaciones pueden darse, bien a través de las personas físicas, entre las personas jurídicas o entre las cuentas bancarias de las personas siguientes: Luis Mariano Rodríguez Cabello, Estibaliz Basoa de Rodríguez, Diego José Salazar Carreño, Rosycela Díaz Gil, Omar Jesús Farías Luces, José Luis Zabala, José Enrique Luongo Rotundo, Nervis Gerardo Villalobos Cárdenas.

También ocurre esto a través de las cuentas de las siguientes empresas: Memoser Compañía de Seguros. S.A., Wetshore International Limited, Baychester Invesments, S.A., Baluja International Limited, Lutmill International S.A., Fundación Tierramar Hall, Vida y Patrimonio Corretaje de Seguros, S.A., ISB Sociedad de Corretaje de Seguros y Reaseguros, C.A., Lomond Overseas, S.A., Mills Advisors, S.A., Trismas Foundation, Monterrey Management Limited, Tristaina Trading, S.A., Josland Investments, S.A., Megana International LTD., Highland Assets Corp., High Rise Proyects, S.A., Central Bertfort, S.A., Fundación Caixa Bella, Worldwide Traders Line, S.A., Red Bouquet Fundation,

Calabria Overseas, S.A., I.S.B. Sociedad CS, S.A., Antigua Omega INC., Adriatic Global International, Oswald International Limited, Vamshore Enterprises LTD., Palmill Investments, S.A., Eagle Universal Corp., Tecal Trading INC., High and Low Profile, S.A., DT Investments and Consulting, Unovalores LTD., Lairholt Finance Limited".

Las causas no fueron meramente técnicas

Cuando se analiza y se reflexiona en profundidad sobre la explosión mortal de Amuay, no como un elemento aislado sino como parte integral del negocio de Pdvsa, se comprende que la causa de este evento no fue meramente técnica operacional, sino producto de una cultura empresarial basada fundamentalmente en una ideología, intereses personales (en especial, el dinero), tentaciones de poder y la corrupción. Esta política nefasta se impuso sobre la cultura de generación de ingresos y bienestar de la nación; y de la eficiencia, productividad, seguridad, confiabilidad y responsabilidad social de la empresa. No cabe la menor duda de que esto fue magistralmente planificado durante la presidencia de Rafael Ramírez Carreño (RRC) en Pdvsa, que también era ministro de Energía y Petróleo.

Con base en lo anterior y tomando en cuenta de que Ramírez Carreño es una persona audaz, soberbia y sin escrúpulos, es importante enfrentar esta contingencia demostrando con tino hechos concretos que permitan hacer justicia. Un ejemplo de ello se lee en el reporte de *Maibort Petit* del 31 de diciembre de 2015: "Lo cierto es que en todas las investigaciones el nombre de Rafael Ramírez, ex presidente de Pdvsa y ex ministro de Energía y Petróleo, siempre sale a relucir, pese a no tener cuentas en la BPA ni figurar entre los directamente involucrados".

Finalmente, como sugerencia, para hacer este tipo de investigación es recomendable contar con un equipo multidisciplinario, de pocas personas, con colaboradores de apoyo, y todos con algo en común: ser discretos y con principios y valores de dignidad, ética y moral.

Referencias

1. Informe de Investigación sobre la explosión e incendio ocurrido en la Refinería de Amuay el 25 de agosto de 2012. Coener, agosto 25, 2013. https://acoener.wixsite.com/misitio/post/informe-explosion-e-incendio-en-la-refineria-de-amuay

2. Evento Clase A Refinería de Amuay. Pdvsa, Septiembre 9, 2013 https://www.academia.edu/25721648/Centro_de_Refinaci%C3%B3n_Paraguan%C3%A1_EVENTO_CLASE_A_Contenido_de_la_presentaci%C3%B3n

3. Chemical Process Safety: Learning form Case Histories, Roy E. Sanders, July 22, 2015, incluye el Informe de investigación titulado "Amuay Refinery; deadly explosion", Olga R. Valdez, Mary Kay O´Connor (CMKO) del College Station de Texas A&M, Texas. Oct 30, 2014. https://books.google.co.ve/books/about/Chemical_Process_Safety.html?id=XcPc5PmDXvwC&redir_esc=y

4. Amuay UCVE Event, Risk Management Group, septiembre 5, 2012. https://www.slideshare.net/RiskMgmtGroup/amuay-ucve-14177498

5. *The Economist,* Venezuela´s oil industry, Spilling over, febrero 18, 2012. https://www.economist.com/the-americas/2012/02/18/spilling-over

6. *The Economist,* Venezuela´s oil industry, Up in smoke, agosto 12, 2012. https://www.economist.com/americas-view/2012/08/27/up-in-smoke

7. Amuay refinery disaster: Syrian naphtha & Chavez´petroleum revolution in flames, Thomas W O´Donnell, agosto 30, 2012. https://globalbarrel.com/2012/08/30/amuay-refinery-disaster-syrian-naphtha-chavez-petroleum-revolution-in-flames/

8. Risk Improvement Recommendations Update Report. QBE Marine and Energy Syndicate, marzo 5, 2012. https://settysoutham.files.wordpress.com/2012/08/reporte-amuay.pdf

9. A los 4 años de la explosión de Amuay todavía no hay respuestas. Coener, SVIP, Asociación Civil Gente del Petróleo y Unapetrol, agosto 26, 2016. https://www.elimpulso.com/2016/08/26/4-anos-la-explosion-amuay-todavia-no-respuestas/

10. A los 6 años de la tragedia de la refinería de Amuay. Coener, SVIP, Asociación Civil Gente del Petróleo y Unapetrol, agosto 25, 2018. http://petroleumag.com/a-6-anos-de-la-tragedia-de-la-refineria-amuay/

11. Reaseguradoras internacionales confirman interés en renovar pólizas de seguros de Pdvsa. Pdvsa, octubre 11, 2003.
http://www.Pdvsa.com/index.php?option=com_content&view=article&id=1249:1446&catid=10&Itemid=589&lang=es

12. Especial *6to. Poder*: ¿Quién es quién en el guiso del reaseguro de Pdvsa? Semanario 6to. Poder, septiembre 10, 2012
https://suontraj-merida.blogspot.com/2012/09/especial-6to-poder-quien-es-quien-en-el.html

13. Pdvsa esconde negocios con aseguradoras, al parecer para encubrir los hechos ocurridos en la explosión de la refinería de Amuay. Agosto 29, 2016.
http://asegurandome.com.ve/47477-2/

14. Información de los primos de RRC. Diciembre 5, 2017.
https://runrun.es/la-economia/oil_energy/333485/las-noticias-petroleras-mas-importantes-de-hoy-5dic/

15. Bermuda ordena liquidación de aseguradora propiedad de Pdvsa, julio 30, 2018,
http://www.bancaynegocios.com/bermuda-ordena-liquidacion-de-aseguradora-propiedad-de-Pdvsa/

16. La trama de corrupción mediante la cual Diego Salazar y sus socios lavaron dinero en la BPA. *Maibort Petit*, diciembre 31, 2018.
https://www.maibortpetit.info/2018/

CAPÍTULO 10
EL CRIMEN CONTRA LOS TRABAJADORES DE PDVSA

Horacio Medina Herrera
Eddie A. Ramírez S.

La actividad petrolera en nuestro país se inició en 1882, cuando empresarios venezolanos registraron la compañía Petrolia del Táchira. Gradualmente llegaron empresas extranjeras que aportaron inversión, tecnología y gerencia. El 29 de agosto de 1975 el Congreso Nacional aprobó la Ley Orgánica que Reserva al Estado la Industria y el Comercio de los Hidrocarburos

Estatización y meritocracia

En el personal venezolano que laboraba en las 19 empresas extranjeras y en las tres venezolanas hubo temor de que la empresa estatizada corriera la misma suerte de la mayoría de las empresas del Estado, las cuales terminan quebradas por la injerencia política partidista. Con las transnacionales los trabajadores se sentían seguros del respeto a la meritocracia y a las condiciones socio-económicas, aunque en 1925 y 1931 el personal obrero tuvo que hacer huelgas para exigir mejores salarios y condiciones, así como para evitar ser discriminados en relación con los extranjeros.

Antes de que Hugo Chávez asumiera la Presidencia de la República se respetó la meritocracia, con algunas excepciones. Era inevitable que, de vez en cuando, surgieran murmuraciones sobre el mayor o menor mérito de algún nombramiento. En Pdvsa los presidentes siempre fueron designados por sus méritos, aunque también por su mayor o menor cercanía al Presidente de la República. Los directores internos lo fueron por mérito y en el caso de los externos tenía mayor peso la relación con el gobierno de turno. Hubo presidentes que no habían hecho carrera en la empresa, pero sin duda eran gerentes calificados.

Es justo reconocer que los gobiernos de Acción Democrática y de Copei respetaron que Pdvsa y sus filiales se manejaron como un negocio; también, como toda empresa, tenían programas de responsabilidad social. A veces las relaciones entre los presidentes de Pdvsa y los ministros de Energía y Minas eran tensas, lo cual es entendible. La empresa debe planificar las inversiones para el futuro, mientras que el accionista, representado por el ministro, tiene como objetivo principal obtener la máxima renta para satisfacer las necesidades del presente.

¡Mérito sí, política no!

Cuando el presidente Hugo Chávez llegó al poder tenía claro que para establecer su proyecto político tenía que tomar "esa colina que era Pdvsa", como él mismo lo declaró. Le interesaba fundamentalmente la renta, pero también la infraestructura, la posibilidad de colocar a sus seguidores; utilizar el petróleo como medio para lograr apoyo político de otros gobiernos y donar petróleo y productos a la dictadura de los Castro.

Inicialmente designó a Roberto Mandini como presidente, pero ubicó a Héctor Ciavaldini, ficha revolucionaria, como vicepresidente, y al teniente coronel (retirado) Gustavo Pérez Issa como Gerente de Prevención y Control de Pérdidas. Al poco tiempo Mandini tuvo que renunciar. Asumió Ciavaldini, quien, como era de esperar, fracasó. Fue sustituido por el general Guaicaipuro Lameda, quien respetó la meritocracia y manejó la empresa como negocio. Fue sustituido por Gastón Parra Luzardo, profesor universitario de extrema izquierda, y cinco directores internos sin méritos suficientes, salvo el ser afines al Gobierno.

Los trabajadores petroleros entendimos que, si no reaccionábamos, el país perdería a su empresa insignia. Desde febrero de 2002 alertamos del peligro de la politización e intentamos que se revirtieran algunos nombramientos. No fue posible. La decisión de asaltar Pdvsa estaba tomada. Ante la jubilación obligada de dos ejecutivos, el 4 de abril iniciamos un paro en defensa de la meritocracia. Este paro petrolero fue organizado con delegados de las áreas operacionales. Ello ocasionó el despido con un pito en cadena nacional de siete gerentes y la jubilación obligada de otros catorce.

Este paro, al que se sumaron la CTV y Fedecámaras el día 9, culminó el 11 con la renuncia de Chávez, quien al regresar al poder pidió perdón y reincorporó a todos; destituyó a la Junta Directiva causante del problema y designó a Alí Rodríguez Araque como presidente y a una nueva Directiva.

Paro cívico y despidos

Poco después de los sucesos de abril 2002 continuaron las violaciones a la Constitución y la persecución de algunos trabajadores que habían participado en el paro. Cuando el 2 de diciembre del 2002 todos los partidos de oposición y la sociedad civil convocaron un nuevo paro, los petroleros nos sumamos motu propio, conscientes de nuestra responsabilidad como ciudadanos. La respuesta fue el despido de 726 trabajadores de la nómina ejecutiva, 12.371 de profesionales y técnicos, 3.705 operadores y artesanos, y 1.954 obreros operadores y mantenedores, para un total de 18.776 despedidos, cifra a la que hay que agregar unos 2.500 de la empresa mixta Intesa y un número aproximado de unos dos mil, a quienes no les llegó el despido pero se les impidió ingresar a la empresa. A ninguno nos cancelaron las prestaciones ni los haberes en nuestro Fondo de Ahorros.

Los despidos representaron una pérdida de inversión de 21 millones de horas-hombre de adiestramiento, con un costo de unos dos mil doscientos millones de dólares. Los despidos alcanzaron 71% en Áreas operacionales y 29% en Apoyo. 45% en Producción y Refinación; 79% en Exploración; 68% en Comercio y Suministro; 60% en Investigación y Desarrollo y 59% en Mantenimiento. En las organizaciones de apoyo los despidos fueron de 98% en Finanzas; 74% en Materiales; 88% en Recursos Humanos; 27% en Logística; 49% en Seguridad, Higiene y Ambiente; 61% en Auditoría; 52% en Jurídico; 37% en Asuntos Públicos; 27% en Logística; 80% en Planificación; 71% en Procura; 62% en Ingeniería y Proyectos; 21%

en Prevención y Control de Pérdidas; 7% en el área de Salud y 60% de los docentes en escuelas de Pdvsa. La edad promedio de los despedidos era de 41 años, con 15 años de servicio. De esas personas 67% estaba evaluado sobresaliente, 78,9% como muy buenos, 62% estándar y 3% subestándar.

El régimen promovió este Paro Cívico Nacional como si fuese un Paro Petrolero para justificar el Genocidio Laboral. Insistimos en aclarar que no es cierto que desatendimos el llamado a reincorporarnos. La realidad es que el régimen hizo un llamado a reiniciar labores, pero solo para efectos mediáticos, ya que en la práctica a los trabajadores se les impidió ingresar a las instalaciones. Cuando comenzaron los despidos en diciembre, en Unapetrol insistimos, en reiteradas oportunidades, para reunirnos con Alí Rodríguez. No fue posible, porque les interesaba que se prolongara el paro para justificar la toma de Pdvsa. Alí Rodríguez, de común acuerdo con el ministro Rafael Ramírez, ordenó que nadie entrara, para así apoderarse de la empresa.

Nadie debe engañarse con las mentiras de que saboteamos las instalaciones. Tuvimos un plan de contingencia para la protección. Todos los accidentes ocurrieron por la negligencia, la desidia y la falta de conocimientos con que se manejó la industria después de los despidos ¿Cómo iban a dañar algo los trabajadores despedidos que estaban afuera? Alí Rodríguez y Rafael Ramírez insistieron en la acusación de paro-sabotaje petrolero, como excusa para asaltar la empresa. Por ello siempre insistimos en que en abril hubo un Paro Petrolero y en diciembre un Paro Cívico, reconocido como huelga por la Organización Internacional del Trabajo.

Consecuencia de los despidos

Este elevado número de despedidos, sumado a la pérdida de su experiencia y calidad, permitía prever que Pdvsa y filiales sería afectadas negativamente. Como las instalaciones se entregaron en perfectas condiciones, al poco tiempo se reactivaron las refinerías y la producción. Con el tiempo empezaron a ocurrir accidentes graves por falta de pericia, de inversión y de mantenimiento. El más grave fue el de la refinería de Amuay en 2012, con saldo de 42 fallecidos, 5 desaparecidos y 150 heridos, además de grandes daños a la propiedad.

Al final ocurrió lo inevitable: la paralización de las refinerías y la caída de la producción desde 2.897.000 barriles por día (b/d) de crudo en el año 2000, a 407.000 b/d según la OPEP al mes de noviembre de 2020.

Atropellos a niños, mujeres, ancianos y trabajadores

El 25 de setiembre de 2003 se inició el atropello masivo contra ciudadanos pacíficos por parte de la Guardia Nacional y de la policía con la toma por asalto del Campo Residencial de Los Semerucos, en la Península de Paraguaná, estado Falcón. Gracias a la televisión y a las grabaciones de los trabajadores residenciados en ese campo, Venezuela y el mundo entero pudieron observar las violaciones de los derechos humanos.

Los trabajadores petroleros y sus familias, incluyendo niños y personas de la tercera edad, fueron atacados violentamente a las 4:41 am. Más de 300 guardias nacionales y unos 100 policías irrumpieron con gritos de guerra y lanzando bombas lacrimógenas, incluso dentro de las viviendas, donde dormían los habitantes. También dispararon perdigones y repartieron peinillazos a mujeres y hombres. A las damas les gritaban "¡putas!", "¡nosotros sí somos hombres!". Diecinueve personas resultaron lesionadas y 36 niños fueron atendidos en clínicas por asfixia.

El juez accidental de la ejecución solo llegó al sitio siete horas después de las violaciones a los derechos humanos. La Guardia Nacional impidió la entrada de ambulancias y de los medios de comunicación, pero los hechos fueron grabados y divulgados.

En Campo Rojo, Punta de Mata, estado Monagas, 500 efectivos de la Brigada 53 del Ejército tomaron el campo residencial. En San Tomé, 500 niños, hijos de trabajadores petroleros, fueron expulsados de la escuela.

Cuando se inició el año escolar en 2003 había 16.371 niños que asistían a escuelas de Pdvsa, a lo cuales se les negó la inscripción.

Cabe mencionar que la Ley de Educación establece que las escuelas financiadas por empresas del Estado se consideran públicas, por lo cual cualquier niño puede asistir, sean o no sus padres trabajadores petroleros.

Otros atropellos a los trabajadores

Pdvsa dio instrucciones para que ningún despedido pudiese ser contratado por los socios privados de las empresas mixtas. Las empresas Chevron-Texaco y Total-Statoil se prestaron a este *apartheid* laboral.

El 1 de marzo del 2004 fue asesinado nuestro compañero José Manuel Vilas cuando se retiraba de manifestación pacífica en San Antonio de los Altos. A pesar de que hay testigos, el caso fue engavetado. El 21 de diciembre de 2004 dictaron medida privativa de libertad contra de Mireya Ripanti, Juan Fernández, Horacio Medina, Juan Santana, Lino Carrillo, Gonzalo Feijóo, Edgar Quijano y Edgar Paredes por supuesto sabotaje a las instalaciones petroleras. Por ello tuvieron que exiliarse.

En 2007 el director de Auditoría Fiscal de Pdvsa, designado ilegalmente, inició investigación a 185 trabajadores despedidos ilegalmente por supuestos daños ocasionados durante el paro. El monto reclamado fue de 500 millones de dólares por las compras de combustibles y petróleo que dejó de exportar Pdvsa, y 285 millones de dólares por supuestas reparaciones en las refinerías y pozos. Posteriormente, esa organización distribuyó sin explicaciones esa suma entre 180 trabajadores de exploración, producción, refinación, comercio, administradores, periodistas, médicos e incluso jubilados. Las multas fueron entre 550 y 990 unidades tributarias, y los reparos oscilaron entre 125 y 94 millones de bolívares fuertes de la época por trabajador.

La responsabilidad de Rafael Ramírez

Rafael Ramírez Carreño asumió el ministerio de Energía y Minas en julio del 2002 y en consecuencia desde esa fecha tiene responsabilidad ya que, como representante del accionista, es quien aprobaba planes y presupuestos, así como la gestión de Pdvsa y filiales. El 20 de noviembre de 2004 asumió también la presidencia de Pdvsa, manteniendo ambos cargos hasta el 2 de setiembre de 2014. Es decir, se pagaba y se daba el vuelto. Según cifras de la OPEP, recibió Pdvsa con una producción de 2.620.000 barriles por día (b/d) y la entregó en 2.336.000 b/d, o sea, 284.000 b/d menos. En la Pdvsa meritocrática había 69.284 trabajadores (40.955 en nómina y 28.329 contratados). En el año 2014, cuando Ramírez Carreño entregó, había 172.824 trabajadores (116.806 en nómina, 25. 698 contratados y 30.320 en actividades no petroleras).

Durante su gestión tuvo el descaro de afirmar que Pdvsa era roja, rojita, y que a quien no entendiera eso lo iban a sacar a carajazos. Además del mencionado genocidio laboral, creó Petrocaribe, mecanismo perverso para ganar apoyo político en El Caribe; partidizó hasta el máximo Pdvsa; desdibujó la acción controladora y reguladora del ministerio; expropió decenas de empresas privadas, entre ellas Exxon-Mobil y Conoco-Phillips, de apoyo logístico y de servicios; comenzó a desmantelar los activos de Pdvsa en el exterior; cometió el imperdonable error de transformar los convenios operativos en empresas mixtas; cambió nuevamente la Ley Orgánica de Hidrocarburos.

En el período en que fue presidente de Pdvsa, ocurrieron numerosos accidentes e incidentes con pérdidas de vidas, lesionados, daños ambientales y de infraestructura, algunos muy graves, como el de la refinería de Amuay en 2012. Cada vez que sucedía un accidente Ramírez declaraba que era sabotaje de quienes teníamos años fuera de la empresa. También es responsable de la pérdida de millones de dólares del Fondo de Jubilación de los trabajadores. Propició y permitió la corrupción, además de muchos otros hechos que perjudicaron el patrimonio de la empresa, algunos de los cuales ameritan que se investigue su posible enriquecimiento ilícito.

Hoy, en algún lugar de Europa, quizá entre Mónaco e Italia, Rafael Ramírez pretende evadir su responsabilidad histórica en la destrucción de Pdvsa. Pero la verdad es que mintió, ocultó realidades, amenazó y chantajeó, y mientras él disfruta de una vida de lujos en el exterior, varios de sus colaboradores están presos, acusados de corrupción, entre ellos Eulogio del Pino y seis gerentes de Citgo. Nelson Martínez falleció estando detenido. Desde su "exilio dorado", Rafael Ramírez continúa mintiendo y aún pretende tergiversar la historia. No lo permitiremos. Tendrá que responder ante la justicia.

Los petroleros seguimos presentes y comprometidos
Los petroleros eran percibidos por la sociedad venezolana como trabajadores privilegiados en cuanto a beneficios laborales, con mentalidad extranjera, ajenos al acontecer nacional y prepotentes. La realidad es otra. Los sueldos estaban dentro del 75 percentil de las mejores empresas venezolanas y la jubilación no era indexada. Es cierto que tenían un excelente seguro médico, un buen ambiente de trabajo y el reconocimiento de méritos para ascender. Desde luego, hubo algunas excepciones. Como en todos los sectores, había algunos prepotentes.

Los acontecimientos de abril de 2002 son evidencia de que no era cierta la percepción de que vivíamos cómodos en una burbuja. Para lograr una mejor interacción del petróleo con la sociedad creamos Gente del Petróleo, y para nuestra defensa fundamos el sindicato Unapetrol; ambas en julio 2002. El Ministerio del Trabajo se ha negado a reconocer el sindicato de profesionales. ¡Seguimos presentes y comprometidos!

CAPÍTULO 11

LA CORRUPCIÓN EN EL ENTORNO DE RAFAEL RAMÍREZ

Gustavo Coronel

Rafael Ramírez Carreño fue presidente de Pdvsa desde 2004 hasta 2013 y ministro del sector de la Energía y Petróleo desde 2002 hasta 2013. Durante una década tuvo control total del sector que generaba el mayor ingreso para la nación. Junto a Hugo Chávez, Nelson Merentes y Jorge Giordani manejó los fondos financieros paralelos como Fonden o el Fondo Chino a su entera discreción[1]. En un memorándum dirigido a Chávez, Ramírez celebró que el destino del dinero contenido en esos fondos paralelos no estaba sometido a ningún otro tipo de control que el de ellos. "Podemos administrar directamente esos fondos sin darle cuenta a nadie"[2], afirmó a propósito del Fondo Chino.

Durante su estadía en estos dos cargos, Pdvsa –gracias a los altos precios del petróleo– recibió no menos de un billón de dólares (un trillón, en inglés, es decir, 1 x 10 a la 12). Cuando Ramírez salió de sus cargos la empresa se había endeudado en unos $100 mil millones adicionales. ¿Cómo es posible tanto derroche, tanta ineptitud, tanta corrupción? En un Informe de la Asamblea Nacional[3] se llegó a la conclusión de que Rafael Ramírez Carreño fue directamente responsable por el despilfarro y uso irregular de no menos de $11 mil millones de dólares.

Sin embargo, al comparar esta cantidad con la inmensa suma de ingresos recibidos durante la etapa su etapa a cargo de Pdvsa

---

1   Ver: http://www.hacer.org/pdf/Coronel01.pdf y https://www.reportero24.com/2013 /08/ 12/ gustavo-coronel-los-grandes-crimenes-de-chavez/

2   Ver https://www.scribd.com/ document/72186923/Punto-de-Cuenta-Al-Presidente-Para-Retirar-Fondos-Excedentarios-Venta-Petroleo-China y: http://lasarmasdecoronel.blogspot.com/2018/08/la-responsabilidad-de-rafael-ramirez-en.html.

3   Ver https://transparencia.org.ve/wp-content/uploads/2016/10/Informe-Final-Expediente-1648-PDVSA.pdf,

y el ministerio, se hace evidente que el monto de lo despilfarrado y sustraído a los venezolanos debe haber sido muchísimo mayor. La muestra de la Asamblea Nacional es apenas un pequeño botón. El mismo Ramírez Carreño[4] admite, con desparpajo, que unos $700 mil millones fueron despilfarrados durante esos años.

¿Dónde está esa inmensa masa de dinero?

Rafael Ramírez estableció en Pdvsa un sistema mediante el cual no le rendía cuentas a nadie; solo le enviaba memos a Chávez. Eran memos entre cómplices; ambos sabían lo que podían esperar el uno del otro.

A continuación presentamos algunos de los más importantes hechos irregulares llevados a cabo durante la administración de Rafael Ramírez Carreño –con conocimiento y aprobación expresa o implícita de las juntas directivas que él dirigió:

- Estuvo involucrado, como ministro, en el intento de fraude de la Free Market Petroleum, empresa fantasma creada por el senador estadounidense Jack Kemp, en complicidad con el Gobierno venezolano, para comprar y revender hasta 50 mil barriles diarios de crudo MESA, por tres años. En esta operación le hubiese quedado a esa empresa fantasma y a sus cómplices del régimen una cantidad estimada en $55 millones. Ese chanchullo fue abortado por las denuncias de la prensa estadounidense, país donde sí hay libertad de prensa[5].
- Es responsable por el envío de hasta 100 mil barriles diarios de petróleo a Cuba en condiciones de subsidio altamente desventajosas para la nación. Se trata de una verdadera traición que le ha costado a Venezuela unos $50 mil millones.
- Es responsable de la contratación hecha con la organización de la Fórmula Uno para patrocinar a Pastor Maldonado, corredor

---

4   Ver https://twitter.com/maibortpetit/status/1219015186855682048?lang=en. Jorge Giordani ha dicho algo similar, ver: https://www.bbc.com/mundo/noticias/2016/02/160219_venezuela_bonanza_petroleo_crisis_economica_ab.

5   Ver Casto Ocando: "Chavistas en el Imperio", página 123 y siguientes.

de autos venezolano. Un contrato sin transparencia por unos $50 millones al año, algo vergonzoso para el país, tanto desde el punto de vista moral como desde el punto de vista deportivo, y el cual debe ser objeto de investigación criminal. Allí se perdieron unos $200 millones y se presume que la negociación estuvo relacionada con el fraude de las gabarras de PetroSaudí.

- Fue conductor de actividades irregulares en la Faja del Orinoco, inflando el monto de las reservas petroleras probadas por razones de propaganda política, en violación de las normas internacionales. Ramírez fue negligente en relación con la construcción de las necesarias refinerías y plantas de mejoramiento para el crudo pesado, adulteración de estadísticas de producción y contratación –por razones ideológicas– de desarrollos de producción con varias empresas estatales que carecían de adecuados recursos humanos, tecnológicos o financieros para llevarla a cabo. Esta conducta impropia ha resultado en cuantiosas pérdidas para la nación.

- Es directamente responsable por el programa de importación y distribución de alimentos a través de Pdval, empresa subsidiaria de Pdvsa. En 2010 unos dos mil contenedores fueron descubiertos en la zona de Puerto Cabello, con unas 40 mil toneladas de alimentos podridos. La comida había sido importada ya con fechas de vencimiento y por ello comprada a precios bajos, pero fue facturada con groseros sobreprecios. A pesar de que este inmenso fraude involucraba a muchos, tanto en Pdval y Bariven como en la empresa matriz, Pdvsa, el delito nunca fue debidamente investigado. En total se importaron unas 170 mil toneladas de comida podrida, a un costo cercano a los $200 millones, y nadie fue a la cárcel.

- Es responsable, en su condición de ministro del sector y presidente de Pdvsa, del trágico siniestro de la refinería de Amuay, causado por la falta de mantenimiento preventivo, según afirman los informes técnicos independientes[6].

---

6   Ver https://issuu.com/soberania.org/docs/informe_de_investigacion_amuay__ver

- Es responsable por la contratación hecha por Pdvsa de la gabarra Aban Pearl, a una empresa intermediaria sin experiencia, creada en Singapur semanas antes de la celebración del contrato. Petromarine fue expresamente creada para ese fin, obteniendo una tasa de arrendamiento que era el doble de lo recibido por los dueños de la gabarra, Aban Offshore, empresa con la cual Pdvsa hubiera podido contratar directamente. La nación perdía por ese concepto alrededor de $450 mil diarios, hasta que la gabarra se hundió por estar en mal estado[7].

- Es responsable de la contratación, por unos $75 millones, de equipos de perforación a empresas fantasmas colombianas con solo tres empleados, como lo admitió el ex-Director de Pdvsa, Luis Vierma, ante la Asamblea Nacional, culpando de este fraude a la directiva de la empresa presidida por Ramírez Carreño. También fue responsable por un contrato por $2 mil millones con una empresa llamada Cosmaca, para comprar siete equipos de perforación. Esta empresa solo era una intermediaria y simplemente traspasó el contrato[8].

- Es responsable de haber permitido el asalto al Fondo de pensiones de Pdvsa, llevado a cabo por un asesor de la empresa, el cual ha causado una pérdida cuantiosa de unos $500 millones a la nación venezolana y a los empleados y ex-empleados de la empresa. Los culpables directos de este asalto fueron juzgados en Estados Unidos, sin que la justicia venezolana –inexistente– mueva un dedo[9].

- Es responsable de la contratación, sin licitación, de unos $2 mil millones de dólares en equipos y trabajos con una empresa, Derwick Associates, sin la infraestructura necesaria para hacer los trabajos. Se trata de una empresa intermediaria, con todo lo que ello significa en términos de sobreprecio y de

---

7   Ver http://lasarmasdecoronel.blogspot.com/2012/07/revisiting-aban-pearl-now-with-more.html y https://foreignpolicy.com/2012/07/19/corruption-on-a-bolivarian-scale/

8   Ver https://www.elcato.org/pdf_files/gcoronel-corrupcion-venezuela.pdf

9   Ver https://www.reportero24.com/2012/03/10/la-gran-estafa-un-escandalo-tan-obsceno-como-el-de-pudreval/

corrupción por parte de Pdvsa[10]. El material incriminatorio sobre esta empresa es avasallante.

- Es responsable por el fraude relacionado con el alquiler de las dos gabarras de PetroSaudí, a precios groseramente inflados. Estos equipos estaban en mal estado y nunca pudieron hacer el trabajo para el cual fueron arrendadas. Este fraude causó una pérdida para la nación superior a los $mil millones[11].

- Es corresponsable, con Hugo Chávez, Jorge Giordani y Nelson Merentes, del manejo discrecional, sin transparencia o rendición de cuentas de los fondos paralelos, chino y Fonden, en los cuales se han detectado numerosas irregularidades[12].

- Fue acusado por el Wall Street Journal de haber tratado de extorsionar a empresas españolas que deseaban celebrar contratos con Pdvsa, en combinación con su primo Diego Salazar Carreño[13].

- Fue llevado a juicio por Harvest Natural Resources por su intento de extorsión contra esta empresa a través de dos de sus relacionados[14].

- Es responsable por el endeudamiento de Pdvsa en unos $100 mil millones, en emisión de bonos a intereses altos y préstamos de China y Rusia, utilizándose ese dinero en actividades político-partidistas, especialmente durante la campaña del agonizante Hugo Chávez en 2012. Igualmente es responsable por haber cuadruplicado la nómina de Pdvsa, al llevarla a unos 120 mil empleados mientras la producción declinaba. Estos son hechos fácilmente comprobables y comprobados.

- Es responsable de aprobar, en 2012 una "línea de crédito" entre Pdvsa y la Administradora Atlantic 17107, por Bs. 17.500

---

10   Ver http://alekboyd.blogspot.com/p/derwick-associates.html.

11   Ver http://lasarmasdecoronel.blogspot.com/2016/07/pdvsa-y-un-gigantesco-fraude-fi nanciero.html

12   Ver https://devilexcrement.com/2011/11/28/venezuela-the-fondo-chino-papers-contracts-and-details/; https://devilexcrement.com/category/the-fonden-papers/

13   Ver https://www.wsj.com/articles/u-s-investigates-venezuelan-oil-giant-1445478342

14   Ver https://globalinvestigationsreview.com/digital_assets/7f878b2a-fc32-40f7-b31b-862b8 a030dae/Harvest-v-Ramirez.pdff

millones, lo cual representaba un hecho de corrupción de gran magnitud, dado que el reembolso que Pdvsa daría a los prestamistas sería en dólares preferenciales[15].

- Es responsable por el colapso de la producción de gas natural durante su administración como ministro y presidente de Pdvsa. Durante su etapa el déficit de gas natural en Venezuela se incrementó hasta hacer crisis, generando la quiebra de las empresas de Guayana, CVG[16]. Al mismo tiempo, la quema de gas llegó a sus niveles más altos. Estos descalabros obligaron a Venezuela a importar gas en lugar de exportarlo, como había sido planificado por la Pdvsa pre-Chávez. Las pérdidas para la nación han sido incalculables.

- Es responsable por la ruinosa conversión de contratos de asociación en empresas mixtas cuando Pdvsa no tenía el capital para invertir su cuota accionaria en las nuevas empresas, lo cual condujo el desarrollo de la faja del Orinoco a su estancamiento y a la pérdida de unos dos mil millones de dólares en los arbitrajes llevados a cabo contra Pdvsa por las empresas Exxon Mobil y Conoco Philips[17].

- Es responsable por el envío ilegal de dinero de Pdvsa a los esposos Kirchner en Argentina y a Evo Morales en Bolivia para promoverlos políticamente[18].

- Es responsable por los fraudes cometidos en América Latina y en otros lugares del planeta al proyectar refinerías que nunca se construyeron, a un costo de miles de millones de dólares para la nación y al ordenar tanqueros que nunca fueron entregados o entregados con serios problemas de navegación[19].

---

15   Ver   https://infodio.com/081118/pedro/binaggia/efg/international/pdvsa/money/laundering

16   Ver   http://lasarmasdecoronel.Blogspot.com/2020/05/cvg-carrona-para-los-zamuros-del.html.

17   Ver   https://www.eleconomista.com.mx/empresas/ConocoPhillips-gana-arbitraje-contra-PDVSA-20180425-0102.htm

18   Ver https://en.wikipedia.org/wiki/Suitcase_scandal

19   Ver detalles en http://lasarmasdecoronel.blogspot.com/2020/05/ramirez-y-su-directiva-mentian-para.html.

Esta no es una lista exhaustiva: abundan las referencias sobre otros fraudes cometidos durante la etapa de Ramírez Carreño al frente de Pdvsa, pero estamos seguros de que esta enumeración es suficiente para caracterizar al personaje y hacerle saber al país cuál es su calaña moral.

En la ejecución de estos y otros hechos, en los cuales existió inmenso despilfarro y serias presunciones de hechos dolosos, algunos muy bien documentados, Ramírez creó un entorno de relaciones, algunas más activas, otras más pasivas, que le servían para llevar a cabo sus planes: José Luis Paradas, Ricardo Coronado, Baldó Sansó, Diego Salazar Carreño, Nervis Villalobos, Rafael Reiter, Pedro León, Juan José Mendoza García, Eulogio del Pino, Jorge Neri Bonilla, Javier Alvarado, Iván Orellana, Fidel Ramírez Carreño, Jesús Luongo, Eudomario Carruyo. Estas son algunas de las personas que tuvieron y, algunas, tienen todavía, relaciones de trabajo y/o de negocios con Ramírez y que –por ellos– deben ser investigadas en detalle.

Varios de estos ex funcionarios están buscados por la justicia internacional o, incluso, están tras de rejas. En internet hay mucha información sobre estas personas que documentan la naturaleza de sus contactos con Ramírez. Parte de esta información se ha recopilado en esta nota (ver Referencias), a fin de que pueda servir de guía para quienes estén a cargo de las investigaciones que deben hacerse sobre la etapa Ramírez en Pdvsa. Es importante enfatizar que la simple relación de trabajo con Ramírez no establece una culpabilidad automática, al menos otra que no sea carencia de escrúpulos. Sin embargo, creemos que el hecho simple de pertenecer a una directiva de Pdvsa durante la etapa Ramírez o tener una posición de poder relacionada con el sector que Ramírez controló es suficiente para ameritar la investigación de tales personas.

¿Por ejemplo, quién formaba parte de la directiva de Pdvsa cuando se autorizó la contratación de las gabarras de Petrosaudí? Quien fuere director de Pdvsa en ese momento se convirtió en corresponsable, por comisión u omisión, de ese grosero fraude, ya que el contrato debía tener la aprobación de la junta directiva.

Referencias

Esta es una lista parcial de las personas relacionadas con Ramírez:

JOSÉ LUIS PARADA: relacionado con la contratación de las gabarras Aban Pearl y Petrosaudí, protegido de Rafael Ramírez https://www.el-carabobeno.com/jose-luis-parada-ex-directivo-de-pdvsa-testificara-en-el-caso-del-empresario-ali-sadr/; https://diario16.com/expediente-completo-las-irregularidades-y-delitos-desde-el-aban-pearl-al-barco-fantasma-de-pdvsa/, http://alekboyd.blogspot.com/2017/12/record-rafael-ramirez-corruption-pdvsa.html; http://lasarmasdecoronel.blogspot.com/2017/03/the-petro-saudi-pdvsa-fraud-whoare.html

RICARDO CORONADO: miembro de la Junta directiva de Pdvsa durante la etapa Ramírez. Relacionado con el fraude de la gabarra Aban Pearl. https://diario16.com/expediente-completo-las-irregularidades-y-delitos-desde-el-aban-pearl-al-barco-fantasma-de-pdvsa/; https://venezuelaaldia.com/2018/02/11/del-buque-fantasma-la-plafatorma-aban-pearl-mas-corruptelas-saab-quiere-tapar/; https://www.quepasa.com.ve/nacionales/guevara-hemos-consignado-ante-la-fiscalia-las-pruebas-del-desfalco-en-pdvsa/; http://lasarmasdecoronel.blogspot.com/2012/07/revisiting-aban-pearl-now-with-more.html

BALDÓ SANSÓ: cuñado de Rafael Ramírez y gestor. https://images.app.goo.gl/Mk2wKaEmrfMf375n6; https://diario16.com/tag/baldo-sanso/; https://diario16.com/tag/baldo-sanso/; https://diario16.com/el-poder-especial-que-pdvsa-otorgo-a-la-esposa-y-a-la-suegra-de-rafael-ramirez/; https://www.smn-news.com/st-maarten-st-martin-news/33984-venezuelan-banker-jose-antonio-oliveros-investigated-by-the-united-states-oliveros-is-the-owner-of-the-active-bank-and-has-open-investigations-in-the-dominican-republic-puerto-rico-and-the-curacao-prosecutor-in-direct-collaboration-with-the-fbi-according-to-venezuelan-media.html; https://alnavio.com/mvc/amp/noticia/14109/; https://diario16.com/asi-mueven-el-dinero-del-expolio-de-pdvsa-los-socios-de-rafael-ramirez/

DIEGO SALAZAR CARREÑO: primo de Rafael Ramírez y encargado de los seguros de Pdvsa. Actualmente está preso (¿?) en Venezuela. https://infodio.com/180918/rafael/ramirez/andorra/bpa; https://alnavio.com/noticia/12184/firmas/el-mundo-alucinante-del-millonario-

boliburgues-parido-en-la-era-chavez-y-purgado-por-nicolas-maduro.
html; https://www.lapatilla.com/2019/07/30/konzapata-diego-salazar-
que-es-de-la-vida-del-preso-de-maduro-del-que-nadie-habla/; https://
www.lapatilla.com/2018/11/29/empresas-chinas-pagaron-176-millones-
en-sobornos-para-lograr-contratos-en-venezuela/; https://talcualdigital.
com/diego-salazar-el-vendedor-de-seguros-que-amanso-una-fortuna-
con dineroajeno/;http://presidencia.gob.ve/Site/Web/Principal/pagi-
nas/classMostrarEvento3.php?id_evento=8260; https://translate.google.
com/translate?hl=en&sl=fr&u=https://www.barril.info/tags/diego-salazar-
diego-salazar-carreno&prev=search; https://alnavio.com/noticia/20003/
actualidad/rafael-ramrez-acusa-a-familiares-de-maduro-de-extorsionar-
a-su-primo-diego-salazar-ii.html

NERVIS VILLALOBOS: viceministro en la etapa Ramírez, preso en EE. UU.
(¿?) https://www.occrp.org/en/daily/7636-unsealed-indictment-char-
ges-venezuelan-oil-officials-with-corruption; https://elpais.com/inter-
nacional/2019/05/27/actualidad/1558970548_641126.html; http://fcpa-
professor.com/category/nervis-gerardo-villalobos-cardenas/; https://
elestimulo.com/climax/nervis-villalobos-el-hombre-de-la-fortuna-elec-
trica-en-andorra/; https://miamidiario.com/dos-chavistas-mas-solici-
tados-en-eeuu-contactaron-a-la-dea-para-entregarse-y-negociar-condi-
ciones-de-cooperacion/

RAFAEL REITER: guardaespaldas de Rafael Ramírez, involucrado en el caso
del maletín de dinero para los Kirchner en Argentina y otros.
https://elpais.com/internacional/2018/06/15/actuali-
dad/1529085419_638872.html; https://www.ultimahora24.
com/2019/09/12/rafael-ramirez-habria-pagado-una-escandalosa-suma-
de-dinero-para-conseguir-la-libertad-de-rafael-reiter-munoz/; https://
www.news-herald.com/news/official-us-believes-ex-venezuela-oil-czar-
took-bribes/article_5c91da77-ba41-59ff-b239-b71e4551cf81.html; https://
www.noticierodigital.com/2020/02/4-paises-avanzan-contra-rafael-re-
iter-por-el-caso-antonini-wilson-la-nacion/; https://www.occrp.org/en/
daily/7636-unsealed-indictment-charges-venezuelan-oil-officials-with-
corruption

PEDRO LEÓN: el llamado Zar de la faja del Orinoco; por largos años fue gerente a cargo de negocios en esa región durante la presidencia de Rafael

Ramírez. https://www.noticiascandela.informe25.com/2018/01/pedro-leon-cabecilla-de-red-de.html; http://eltiempolatino.com/news/2019/apr/29/venezuela-el-complejo-habitacional-detras-del-cual/; https://elcooperante.com/el-sitio-de-reclusion-de-pedro-leon-rodriguez-elzar-de-la-faja-petrolifera-del-orinoco/; https://www.rigzone.com/news/oil_gas/a/151606/venezuela_probing_spectacular_overpricing_in_orinoco_oil_contracts/

JUAN JOSÉ MENDOZA GARCÍA: intermediario de Rafael Ramírez en el intento de extorsión a Harvest Natural Resources, según demanda en los tribunales de EE. UU.

https://buckleyfirm.com/sites/default/files/FCPA-Scorecard-Harvest-Original%20Complaint.pdf; https://www.reuters.com/article/us-venezuela-crime/ex-venezuelan-oil-minister-asks-u-s-court-to-set-aside-1-4-billion-judgment-idUSKCN1TP2TL; https://fcpablog.com/2018/02/21/tom-fox-houston-company-sues-former-venezuela-oil-minister-f/

EULOGIO DEL PINO: durante años fue mano derecha de Ramírez como Director de Exploración y Producción de Pdvsa, luego fue su reemplazo en la presidencia de la empresa, http://www.bancaynegocios.com/rafael-ramirez-exige-fe-de-vida-de-eulogio-del-pino/; https://buckleyfirm.com/sites/default/files/FCPA-Scorecard-Harvest-Original%20Complaint.pdf; https://www.reuters.com/article/us-venezuela-crime/ex-venezuelan-oil-minister-asks-u-s-court-to-set-aside-1-4-billion-judgment-idUSKC-N1TP2TL; https://www.newsmax.com/world/globaltalk/apfn-lt-venezuela-oil-corruption/2018/02/16/id/843925/; http://lasarmasdecoronel.blogspot.com/2016/06/eulogio-del-pino-eres-un-gerente.html

JORGE NERI BONILLA: socio externo de Ramírez: https://diario16.com/jorge-neri-bonilla-de-no-tener-un-bolivar-a-crear-un-emporio-empresarial-2/; https://infodio.com/tags/jorge-neri-bonilla; https://www.revistavenezolana.com/2019/07/los-bolichicos-venezolanos-comienzan-a-sacar-su-dinero-de-espana/; https://www.elinformadorweb.com/nacionales/asi-estafaron-los-bolichicos-francisco-neri-bonilla-y-jorge-neri-bonilla-a-empresarios-espanoles/

JAVIER ALVARADO: director de Corpoelec, viceministro de Desarrollo Energético durante la etapa Ramírez y presidente de Bariven; fue arrestado en España.

https://www.justice.gov/criminal-fraud/fcpa/cases/javier-alvarado-ochoa; https://infodio.com/100519/javier/alvarado/ochoa/arrested/spain/corruption; https://elcierredigital.com/investigacion/789739307/JAVIER-alvarado-ochoa-chavista-petrolero-blanqueo-audiencia-nacional.html; https://www.bloomberg.com/news/articles/2019-09-16/probe-of-venezuelan-bribery-scandal-widens-with-latest-charges

IVÁN ORELLANA: Enagas, director de Pdvsa, OPEP, viceministro de Energía y Petróleo durante la etapa Ramírez.

https://www.ogj.com/general-interest/article/17268170/chavez-shakes-up-pdvsa-executive-suite; http://www.producto.com.ve/pro/palestra/ha-inmovilizado-usd-11500-millones-activos-del-estado-exterior; https://www.rigzone.com/news/oil_gas/a/66332/venezuelas_chavez_changes_pdvsa_board_of_directors/; https://cronica.uno/corrupcion-en-pdvsa-altos-jerarcas-gobierno-han-sido-directores-estatal/; https://news.cision.com/nynas/r/new-chairman-and-new-board-members-elected-in-nynas,c2506696; https://diario16.com/expediente-completo-las-irregularidades-y-delitos-desde-el-aban-pearl-al-barco-fantasma-de-pdvsa/; https://infodio.com/04052020/aps/spa/pdvsa/rafael/ramirez/baldo/sanso

FIDEL RAMÍREZ CARREÑO: hermano de Rafael Ramírez.

https://www.laiguana.tv/articulos/75950-complices-diego-salazar-carreno-andorra-corrupcion/; https://armando.info/Reportajes/Details/2369; https://konzapata.com/2017/11/los-millonarios-tentaculos-de-la-familia-ramirez

Advertencia

Reitero lo que afirmé al inicio de este escrito: no establezco culpabilidades *a priori*. Me limito a señalar, con base en información existente en los medios de comunicación, que estas personas tienen una historia de relaciones con Rafael Ramírez. Esto amerita –en mi opinión– una investigación en profundidad. La tragedia venezolana en la cual han estado directa o indirectamente involucrados es tan gigantesca que no puede ser desestimada. Actúo en mi calidad de buen ciudadano venezolano.

CAPÍTULO 12
RAFAEL RAMÍREZ, GENERAL DE DEMOLICIÓN

Rafael Gallegos

Una de las características de esta "revolución", supuestamente bolivariana, ha sido su profunda formación cuartelaria. Su origen se remonta a la asonada militar del 4-F, cuando intentaron derrocar a un gobierno democrático. Luego de ganar las elecciones y acceder a Miraflores, se autodenominaban como movimiento "cívico-militar". A los pocos días, con sorna el dirigente Pablo Medina le pidió a Chávez que explicara si más bien el régimen era "militar-cívico". Ahora todos palpamos –y padecemos– que simplemente se trata de un régimen militar, donde lo cívico queda para lucirlo como un adorno ante los organismos internacionales. Su lenguaje está nutrido de términos como batallones, milicianos, estados mayores, batallas y enemigos; jamás ciudadanos, derechos humanos o adversarios, como corresponde a un régimen democrático. Puro cuartel.

El ingeniero Rafael Ramírez, que tanto contribuyó en el cumplimiento de los fatídicos designios del régimen desde el Ministerio del Poder Popular de Petróleo y Minería y la presidencia de Pdvsa, no es un militar. Por ello su líder eterno no pudo ascenderlo como correspondía por los valiosos servicios prestados a la "revolución", a general de división, mayor general, o general en jefe. Sin embargo, su inigualada labor de destrucción en la otrora principal industria venezolana lo han convertido, sin necesidad de nombramiento, en un "General de Demolición", así, con mayúscula.

La verdad es que asombra cómo este "General de Demolición" logró destruir a la llamada segunda empresa petrolera del mundo. Lo hizo tan eficazmente, que se convirtió en la envidia de las marabuntas.

Una demolición estratégica

La destrucción de Pdvsa no es un hecho aislado. Forma parte de un proyecto de demolición estratégica de Venezuela, copiado del modelo comunista cubano. Las expropiaciones, las invasiones, los retrasos y abusos en los procesos electorales no son casuales, obedecen a un desiderátum, y han convertido a Venezuela en un casi ex país.

El desmantelamiento de Pdvsa era fundamental para la "revolución". No podían permitir que se cumplieran los planes de producir cinco o seis millones de barriles diarios de petróleo. Ello hubiera representado un país dinámico, democrático, con empresarios prósperos, empleados bien pagados y medios de comunicación promocionando la alternabilidad. Algo contrario al proyecto de dominación que se habían propuesto.

La "revolución", al igual que sus jefes cubanos, requería, por instrucciones directas de Fidel Castro, destruir a Venezuela "para comerte mejor", como el lobo a la Caperucita roja. El desiderátum es permanecer para toda la vida en el poder, navegando sobre un pueblo desvalijado.

Cuando Chávez seleccionó a Rafael Ramírez para la presidencia de la empresa, ya había adelantado unos pasos en su proyecto. Durante la campaña electoral que lo llevó a la Presidencia de la República, Chávez expresó frases basadas en falsedades como "las colitas de Pdvsa" que, durante su gobierno, condujeron a la destrucción de la flota aérea de la empresa. O aquellas como "Pdvsa es un estado dentro del Estado", o una "caja negra" que nadie podía controlar, obviando que la Contraloría General de la República tenía oficinas en Pdvsa y permanentemente auditaba los procesos financieros. Por cierto, la "revolución" paulatinamente se encargó de cubrir la "caja negra" con muchos brochazos de pintura... roja. Máxima opacidad a paso de vencedores, algo muy útil para facilitar lo que acontecería.

El modelo de demolición

Cuando Rafael Ramírez arribó al cargo de presidente de Pdvsa, en el año 2004, ya era ministro del Poder Popular de Petróleo y Minería. Ejercer esos dos cargos fue la primera piedra en el Modelo de Demolición.

El ministerio tiene entre sus funciones controlar a Pdvsa operacional y financieramente. Revisar, multar y tomar medidas más drásticas, de ser necesario, en los accidentes, derrames y desviaciones financieras. Cerrar pozos que no cumplan la normativa de explotación. Igualmente le corresponde dar permiso para perforar, completar y reparar pozos, determinadas actividades de refinación, así como a lo largo de toda la cadena de valor del negocio.

Ejerciendo los dos cargos simultáneamente, Ramírez se controlaba a sí mismo. Se pagaba y se daba los vueltos. Además de truncar la función del ministerio, restó seriedad a los procesos. Su doble función disminuyó drásticamente la productividad de Pdvsa.

El Modelo de Demolición aplicado por Ramírez se inició desde la Misión de la corporación. Abarcó a la gente, los procesos, la organización y la tecnología a lo largo de toda la cadena de valor.

La nueva misión de Pdvsa

Los cambios en la Misión fueron de ciento ochenta grados. Pdvsa, una eficiente empresa petrolera con contenido social, se convirtió en una empresa social con algún contenido petrolero. Más que empresa de hidrocarburos, Pdvsa se transformó en una especie de ministerio social del régimen. El organograma corporativo creció a costa de una serie de nuevas empresas que se ocupaban de las misiones, de la agricultura, de la ganadería, de la industrialización, de la educación y de una serie de actividades muy válidas, pero que deberían ser ejercidas por otras instituciones.

La gestión del negocio de hidrocarburos, de por sí complejo y competitivo, fue quedando en un segundo plano, mientras la corporación se convertía en un gigantesco y grasoso músculo cada vez más flácido e incapaz de competir con la Exxon, Shell y otras empresas líderes en el mercado energético. En medio de un boom por el período más largo de altos precios de los hidrocarburos, Ramírez iba corroyendo por dentro a la corporación.

El "muera la inteligencia" de Ramírez

Si Jorge Luis Borges resucitara, incluiría en su *Historia universal de la infamia* el famoso discurso-humillación de Rafael Ramírez ante la fuerza laboral de Pdvsa. Son dignas de una antología de la infamia aquellas frases expresadas ante sus trabajadores, como "el que no sea rojo rojito que se vaya", o que "estamos puestos aquí por el presidente Chávez", o "dentro de Pdvsa a Chávez no lo para nadie", o "la nueva Pdvsa es roja rojita de arriba abajo", o "a los nini les vamos a recordar a carajazos que esta empresa está con la revolución".

Volvemos a Borges, este discurso se equipara y hasta aventaja a las historias de infamia expuestas por el maestro argentino. Personajes borgianos como el atroz redentor Lazarus Morrel, el proveedor de iniquidades Monk Eastman, o el asesino desinteresado Bill Harrigan, quedaron como unos niños de pecho ante las infames palabras de Ramírez. Les dijo a sus trabajadores que nada valían, que sus méritos no eran técnicos o gerenciales, sino de sumisión a Chávez. Destruyó la autoestima de sus colaboradores. Solo le faltó decretar que el petróleo debía ser rojo, rojito...

El discurso puso en el tapete el "¡muera la inteligencia!", del fatídico generalote Millán Astray, pronunciado nada menos que delante de don Miguel de Unamuno, una de las glorias de España y en la Universidad de Salamanca, símbolo de la hispanidad.

Cuando Ramírez llegó a la presidencia de Pdvsa, el régimen, en el contexto de su política de demolición, ya había prescindido de los trabajadores expulsados injustamente durante el paro cívico de 2002 y 2003. Y como si no significara nada tamaña lobotomía empresarial, Rafael Ramírez se jactaba de ello. En el referido discurso lo describió así: "Sacamos a 19.500 enemigos de este país y estamos dispuestos a seguir haciéndolo".

El mismo Ramírez encabezó las acciones de perseguirlos y de mandarlos a despedir de los trabajos en empresas de servicios y consultorías petroleras bajo amenazas de rescindirles los contratos. Igualmente se empeñó en seguir adelante en una absurda demanda para que muchos de los expulsados injustamente pagaran los daños ocasionados por el "sabotaje petrolero".

En cuanto al "sabotaje" Ramírez tenía razón. Hubo un sabotaje; pero no de los petroleros expulsados en el paro; sino un que hubo un largo sabotaje gerencial de veinte años, del cual Ramírez es el máximo responsable.

Además de desviar la Misión, como hemos comentado, durante el ejercicio presidencial de Ramírez la nómina se multiplicó. Antes del conflicto Pdvsa sumaba 46 mil trabajadores (69 mil incluyendo los contratados) que producían diariamente más de tres millones de barriles de petróleo, que se encaminaban a seis, una producción diaria de gas de 7 millones de pies cúbicos, también crecientes, y la refinación de más de un millón de barriles por día en Venezuela y casi dos en el extranjero. Con Ramírez Pdvsa pasó a tener en nómina a 170 mil trabajadores.

Y el plan de llegar a seis millones de barriles, bien gracias. Más bien con Ramírez comenzó la decadencia de la producción que, por cierto, iba de la mano con un gigantesco endeudamiento. Aunque usted no lo crea, este endeudamiento sucedió durante el más largo boom petrolero de la historia. Años con precios del crudo sobre cien dólares el barril.

Bajo la responsabilidad de Ramírez también ocurrió la terrible explosión de Amuay, que todavía espera por un análisis serio. Las fallas fueron de tal magnitud que no cobraron el seguro. También hay que recordar el hundimiento de la gabarra Aban Pearl, contratada en condiciones nada claras, de la cual –ironía de ironías del destino– Chávez acababa de aplaudir su contratación en Aló Presidente.

La "nacionalización" de la faja y otros desaguisados

Ramírez se jactaba de haber recuperado a Pdvsa luego del "sabotaje", como si el paro cívico la hubiera destruido. Durante ese paro las operaciones fueron suspendidas de manera técnica y las instalaciones fueron entregadas por notaría. Las funciones de la empresa eran totalmente recuperables, si ellos mismos no hubieran excluido ilegalmente a quienes sabían hacerlo. Sin embargo, no hubo destrucción, sino cierre, y por ello recuperaron buena parte de la producción y otras actividades.

Lo que no pudieron hacer fue continuar los planes para escalar hasta seis millones de barriles. Claro, acabaron con los cuadros técnicos gerenciales y los sustituyeron por simpatizantes del gobierno. Algo equivalente a sustituir a las enfermeras y médicos por activistas "revolucionarios" en una operación de amígdalas... pobre paciente.

En el año 2007 supuestamente "nacionalizaron" la Faja. Pero se trató de otra farsa más. Hay que aclarar que la única nacionalización del petróleo fue en 1975. Como consecuencia de la supuesta "nacionalización" de Ramírez, transformaron los convenios de los llamados Campos Maduros en Empresas Mixtas. Bajo la figura de convenios (proceso de apertura de los años noventa), estos campos maduros habían multiplicado su producción, que ya iba por 500 mil barriles diarios. Los "revolucionarios" transformaron al arrendatario en propietario, y encima se jactaron.

En las Empresas Mixtas el nuevo gobierno incrementó hasta 60% la mínima participación del Estado. Como resultado de este cambio subrepticio, sin aviso y sin protesto, se generaron demandas por parte de las transnacionales asociadas. Como Aureliano Buendía, que perdió todas sus batallas, la "revolución" ha perdido casi todas las demandas, y eso le ha costado al país varios miles de millones de dólares. Adicionalmente, las nuevas empresas mixtas perdieron dinámica porque Pdvsa no cumplió con sus compromisos de inversión.

Por otro lado, otorgaron a "países panas", pero sin ninguna experiencia petrolera, Empresas Mixtas que hoy se han convertido en elefantes blancos y constituyen la gran mayoría de las existentes.

Para más *inri* en esta demolición, en el Zulia expropiaron empresas contratistas y el resultado es la destrucción de la producción en ese estado, un Kuwait latinoamericano que en su momento superó los tres millones de barriles diarios.

Tanta destrucción no puede ser accidental. Seguramente el régimen se conformaría con una Pdvsa a media asta de un millón de barriles diarios para satisfacer las necesidades del gobierno, mas no las de los venezolanos. Pero a la destrucción planificada la agarró una vorágine de destrucción total.

La soberanía macuquina

En síntesis, la gestión de Rafael Ramírez materializó un Plan Maestro de Demolición. De ser la segunda empresa petrolera del mundo Pdvsa pasó a ser una de las últimas. Se trata de un proceso degenerativo que deberá ser estudiado en las escuelas de gerencia más importantes del mundo.

Ramírez inició su demolición al alejar la Misión de Pdvsa de los indispensables postulados de productividad. Mientras tanto, la producción, la refinación, la seguridad energética de los venezolanos (gasolina, gasoil, gas doméstico e industrial, gas y combustibles líquidos para la electricidad) iban en picada.

Rafael Ramírez usaba los dividendos de Pdvsa para satisfacer los requerimientos políticos de su jefe y los pecuniarios del régimen y sus personajes. Cómo sería la corrupción que hasta entre ellos mismos se privan de libertad. Se habla de cientos de miles de millones de dólares sin justificación. Muchos de ellos fueron depositados por particulares venezolanos en los principales bancos del mundo.

Se trata de una Demolición Integral: desviación de la Misión, discursos amenazantes e insultantes contra la dignidad de los trabajadores; multiplicación improductiva de la nómina y del endeudamiento; politización hasta ser un apéndice del partido de gobierno; abandono de sus propios planes de "siembra petrolera".

El único resultado efectivo de la gestión de Ramírez ha sido la demolición. Y ahora Ramírez culpa a Maduro del desastre, como si él le hubiera entregado una empresa boyante. Falso, le entregó una empresa sin soporte, corroída desde sus entrañas, tal como lo hemos descrito.

Hoy Rafael Ramírez se jacta de su gestión. Y culpa a la gestión de Maduro de la Pdvsa quebrada. Gestión esta también injustificable que ha rematado lo que Ramírez y Chávez comenzaron; pero ese no es el tema de estas líneas.

Todo fue hecho en nombre de una soberanía tan palabreada que recuerda al peso macuquino de la época de la Colonia. Una moneda de plata cuyo valor nominal decaía a medida que disminuía su tamaño por la sobadera de los usuarios. Una soberanía petrolera cacareada, sobada y desgastada, con el agravante de que nunca fue real.

Ramírez logró convertirse en un general de demolición que escribe y escribe como para tratar de que lo absuelva la misma historia que, según Fidel, lo absolvería a él. O tal vez busca la oportunidad "de rescatar" la empresa que él mismo contribuyó a demoler. Como decía el gran poeta Gustavo Adolfo Bécquer: "No hay máscara semejante a su rostro".